太空生活趣事多

段立欣 著

人民教育出版社
·北京·

图书在版编目（CIP）数据

太空生活趣事多 / 段立欣著 . -- 北京 : 人民教育出版社，2025. 2. -- ISBN 978-7-107-39535-2

Ⅰ. V4-49

中国国家版本馆 CIP 数据核字第 2025L29T38 号

责任编辑：郝　韵　刘纯熙
责任设计：昌梦洁
责任校对：田　莉
责任印制：申　骅
插　　画：杨　静
装帧设计：杨　静

太空生活趣事多

出版发行　人民教育出版社
（北京市海淀区中关村南大街 17 号院 1 号楼　邮编：100081）
网　　址　http://www.pep.com.cn
经　　销　全国新华书店
印　　刷　北京尚唐印刷包装有限公司
版　　次　2025 年 2 月第 1 版
印　　次　2025 年 4 月第 1 次印刷
开　　本　890 毫米 ×1240 毫米　1/32
印　　张　4.75
字　　数　95 千字
书　　号　ISBN 978-7-107-39535-2
定　　价　32.00 元

目录

有趣的太空生活　太空生活部分　25

探索神秘宇宙　宇宙研究探索部分　115

引子

同学们，二年级的语文课本中有一篇课文，叫作《太空生活趣事多》。

在学过课文后，很多同学都对神秘的太空产生了浓厚的兴趣。不仅如此，大家还提出了各种各样有趣的问题，比如：

航天员在太空中都吃些什么东西？

航天员在太空中怎么刷牙和洗澡？

航天员去太空“出差”一段时间，真的能长高吗？

为什么说火星是最适合移居的星球呢？

……

哎呀，我的问题口袋已经被装满了！所以，我特意为同学们安排了“航天员体验营”，一一解答大家感兴趣的航天知识！

好了，我知道你已经迫不及待了！想知道航天员在太空中会经历哪些有趣的事，那就跟随这本书，一起来体验有趣的太空生活吧！

航天员请准备

| 地面训练部分 |

第 1 章
你能成为航天员吗？

同学们，你们知道吗？想当航天员可没那么简单，需要通过层层选拔，才有可能拿到成为航天员的“入门卡”。

首先，预备航天员要求身体健康，没有疾病，身体素质能够达到一定的标准。除此之外，对航天员的身高、体重、坐高、腿长、臂长等都有严格的要求。

有同学问：“航天员的个子是不是越高越好呢？”

不是的，太高了或者太矮了都不行。我国首批航天员选拔要求的身高为160～172厘米，所以，当你看到航天员们排排站的时候，大家的身高都差不多。

我国首批航天员选拔对航天员的体重也有要求，必须是55～70千克，不能太瘦，也不能太胖。这又是为什么呢?

因为航天服并不会像我们的校服一样，有很多不同的尺码供航天员挑选。所以，如果大家的身材相差太多，就不方便使用航天服了。而且，飞船舱门的大小也是固定的。如果你是位圆圆胖胖的航天员，很可能会被飞船的舱门卡住。

其次，在大多数情况下，选拔对航天员的飞行时间也有要求。我国首批航天员的选拔标准中，就包括“飞行时间不能少于600个小时”。

你可能会说：“哈哈！这一点我符合，因为我经常跟爸爸妈妈坐飞机到各地旅游！”

那可不行，这个飞行时间，指的是“开飞机”的时间，而不是“坐飞机”的时间。所以，我国的首批航天员，都是从歼击机或强击机飞行员中选拔出来的。

当然，我国每一批航天员的选拔要求都有一些调整，不是一成不变的。

随着中国载人航天技术的日益发展，未来我们还会踏上月球、登上火星。除了航天员，地质学家、天文学家、医疗专家都有可能进入载人飞船，一起去太空“出差”。

就像神舟十六号的航天员桂海潮，他是一位大学教授，他就成为了我国空间站的首位载荷专家，同时还是我国首位戴眼镜的航天员。

▲ 桂海潮
（来源：中新图片）

所以说，如果你现在已经戴上了小眼镜，也不用特别失望，只要你有足够的知识，还是有机会成为航天员，进入太空的。

但是，戴眼镜的航天员就不能当指令长了。

有同学问：“指令长又是什么？”

指令长是负责接收地面指挥中心的指令或向地面传输指令，并对参与飞行任务的其他成员发出指令的人。通常情况下，指令长由航天驾驶员来担任。我们可以这样理解：指令长就像是航海时一艘船里的船长。

载人飞船发射的整个过程，虽然都是按照设定好的程序自动完成的，但遇到突发情况，就需要指令长手动操纵飞船了。因此，指令长责任重大，他不能是近视眼、远视眼，也不能是色盲、色弱等。

怎么样，航天员的选拔是不是让你觉得紧张又新奇呢？那么从现在开始，就在你的心中种下小小的“太空梦”种子吧。也许等你长大后，它就会发芽开花啦！

第2章 如何训练上天“翻跟头”的能力？

欢迎大家来到航天员训练基地！你们接下来会看到航天员的各种日常训练。

瞧，现在摆在你们面前的这个大型训练设备，有着一条长达8米的旋转钢臂，钢臂的前端是一个球形的封闭舱。这个大机器叫作“载人离心机”，它是在地面上模拟航天器飞行时产生的加速度的机器，主要

▲ 正在运转的载人离心机

用于航天员在超重环境下的训练。

不过，看起来像游乐设施一样的载人离心机，一旦转起来，坐在里面的滋味可不怎么好受。

训练时，钢臂会带动球形舱飞快旋转，坐在舱内的人不仅会头晕目眩，还会感觉到好像有看不见的重物压在自己的身上。

在高速运转的载人离心机中，普通人最大只能承受自身体重3～4倍的过载，而航天员的“及格线”是自身体重的8倍！

简单地说，这就相当于在你身上压了8个同你体重一样的人和你一起乘坐过山车！

想想都觉得喘不上气来。

有同学问：“既然这么难受，那为什么还要进行这种训练呢？”这个问题非常好！

因为载人飞船在发射和返回时都会面临超重环境，承受超强的过载。航天员如果承受不了这个压力，在载人飞船发射后的飞行过程中就可能会晕过去。所以，超重训练是成为一名合格的航天员必不可少的训练之一。

你们一定很好奇航天员具体是怎么在载人离心机里训练的。

训练时，航天员要固定好自己的头部和膝盖。当机器运转起来后，航天员可以体验到接近真实飞行过程中的各种状态。舱内还有代表“急停”的红色按钮，如果航天员觉得身体无法承受压力，按下这个按钮之后，训练会马上停止。

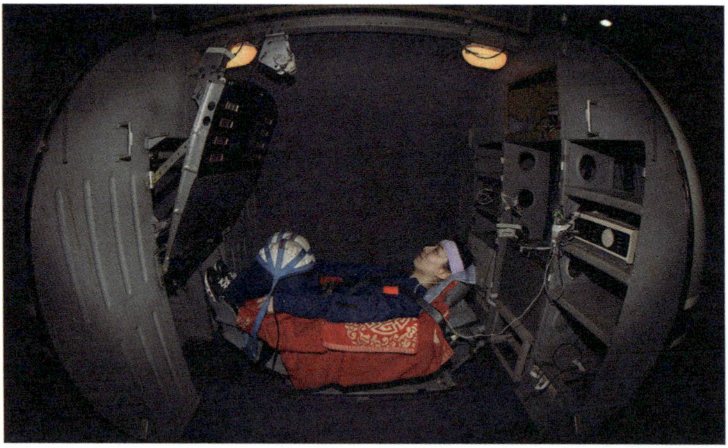

▲ 航天员在载人离心机里训练

值得一提的是，自我国航天员大队成立以来，没有一位航天员在训练中按下过这个急停按钮！是不是很厉害？

当然，除了载人离心机，航天员还要在其他让人感到天旋地转的设备上训练。这些设备包括滚轮、旋梯、弹跳网、秋千、转椅等。

有同学说："这些训练看起来挺好玩的啊，不就是荡秋千、坐转椅吗，我也行！"

这些表面看起来有趣的训练，其实难度也很大！

▲ 转椅训练设备

就拿航天员的转椅训练来说吧，它启动后，大约每2秒就会转一圈。普通人坐在转动的转椅上，过不了一会儿，就会感到头晕恶心、心跳加速，而航天员每次转椅训练的时长通常要达到10～15分钟才算合格。

之所以要进行这么严格的训练，是因为航天员不管是乘坐航天器、入住空间站，还是进行太空漫步，都会在微重力的环境中飘来飘去。这样一来，他们的前庭会受到直接的冲击和刺激。因此，他们需要进行一系列加强前庭器官机能稳定性的训练。

你可能要问："前庭是什么？"

简单地说，前庭就是藏在你的耳朵里，帮你管理平衡、感知空间位置的感觉器官。

当你坐在行进的车辆中，即使闭上眼睛不看窗外，也能够感知到车在加速、减速或者转弯，这都是前庭偷偷"告诉"你的。如果前庭发生"故障"，就会影响人的感知能力，从而产生眩晕。比如我们常说的晕车、晕船，就可能是耳朵里的前庭器官机能不稳定导致的。

所以，作为一名要上天"翻跟头"的航天员，必须通过各种训练增强前庭器官机能的稳定性，这样就不会眩晕了。

第3章
航天员为什么要进行潜水训练呢？

潜水时可以做什么？可以寻找海底的沉船，可以和小鱼一起玩捉迷藏，可以参观多彩的珊瑚丛林……你不知道吧，航天员也要进行潜水训练。

有些同学感到奇怪了：“航天员不是要去太空吗？又不是要去海底，为什么还要进行潜水训练呢？”别急，接下来你就知道了。

航天员进行潜水训练的地方，不是江河湖海，也不是游泳池，而是一个巨大的、装满水的圆筒形罐子。这个罐子叫作“中性浮力水槽”，所以航天员的潜水训练也被称为“水槽训练”。

中性浮力水槽非常大，它的直径足有23米，就像把七八层楼放倒了那么长。水槽里会注入约10米深的水，能保证多人同时进行水槽训练。

▲ 中性浮力水槽内部

不要小看这个大罐子，它利用了中性浮力原理，可以模拟出太空中的微重力环境。

这下你知道了吧，航天员之所以进行水槽训练，就是因为可以在不用离开地球的情况下，提前感受进入太空后的微重力环境。

快来靠近一些，让我们一起通过水槽上的舷窗看看航天员在里面是怎么训练的吧。

首先，航天员会穿上专用的水下训练服，然后进入约10米深的水槽中。放置在水下的还有配合航天员训练的空间站核心舱模型，它的外观与太空中的空间站核心舱一模一样。

训练过程中，航天员会使用铅块增加或减少配重，以确保其受到的向上浮力与向下重力达到平衡，从而达到中性浮力状态。

也许你会问：“航天员只要潜入水下，体验一下微重力的环境就可以了吗？”当然不是，水槽训练时有好多事情要做呢。

举个例子，我们在电视上看到航天员在太空中出舱后会挥舞国旗，就是这个看上去轻而易举的动作，也要提前进行成百上千次的演练。

在地球上简简单单的拧螺丝动作，到了太空中也有技巧。用力太小拧不动，但也不能太使劲，不然在微重力的环境中，螺丝会“嗖嗖嗖”地原地转个不停。

还有看起来潇洒的太空漫步，主要考验的是航天员的上肢力量。所以航天员穿着航天服，在水槽中要像攀岩一样，锻炼用手“行走”。

航天员出舱时要完成的航天器在轨维修、排除故障等工作，都需要在水槽训练中不断进行练习。毕竟，太空中几乎没有重力，如果操作时动作不标准，或者力道过大的话，航天器的零部件没准儿就真的“飞”入太空了！

这位同学问：“现在这个水槽中的航天员是模型

吗？他怎么看起来一动不动的呢？”

哈哈，你要仔细观察就能发现，那可是真正的航天员，他正在认真地进行某一项工作，但由于水下的压力特别大，下潜的人做任何一个简单的动作都很吃力。整套水下训练服约有160千克，再加上配重用的铅块，一共能达到220千克呢。这是什么概念？相当于航天员身上背了一只成年东北虎在训练！哪怕水中有浮力，这也不是轻松的事。所以，他们的“举手投足”就会看起来很缓慢。

▲ 航天员进行水下训练

这个表面看起来行动非常缓慢的训练，是特别消耗体力的。每次进行五六个小时的水槽训练后，航天员的体重都会减轻不少，吃饭时拿筷子的手都会忍不住颤抖。

想一想就让人肃然起敬！

第4章
航天员还要进行哪些艰苦训练?

同学们，大家即将看到的，是正在进行体能训练的航天员们。

我们都知道，太空的环境非常严酷，航天员如果没有良好的体能，在特殊环境里耐受力会很差，他们的身体健康可能会受到影响。所以，航天员每天都要进行一定时间的体能训练。

你以为体能训练就像上体育课一样，跳绳、跑步、打球吗？那你可想得太简单了。

航天员的体能训练有很多种，以锻炼耐力为主的有长跑、游泳等，以锻炼力量为主的有举重、仰卧起坐等，以锻炼灵活性为主的有体操、蹦床等，还有一系列其他有针对性的运动。体能训练，对于航天员来说是最基本的训练。

除了每天要挥洒大量汗水运动，航天员还要学会“静”，即进行神秘的“狭小环境心理适应性训练”。简单地说，就是把航天员单独关在一间门窗紧闭的小房间里。这里没有任何声音，也没有人和航天员说话。狭小环境心理适应性训练的训练时间长达72小时。在这72小时内，航天员不能睡觉，还要完成各种高难度任务。

这一训练听起来似乎不是很难，但其实任何人长时间待在一个狭小的、密闭的空间中，都会感到很难受。

为什么要进行这样的训练呢?

因为航天员一旦上天执行任务，会长期生活在密闭狭小的空间中。有限的交流、单调重复的生活和高负荷的工作，对航天员的心理影响是很大的。如果航天员产生心理问题，就可能会出现焦虑、抑郁、人格改变、人际关系紧张等情况，说不定还会出现幻觉。所以，狭小环境心理适应性训练可以提升航天员的心理素质。

除了这些，航天员还要接受低压缺氧训练、跳伞训练、空间站技术训练、机械臂操作训练等。

当然，成为一名合格的航天员也不只是靠上面说过的种种训练，航天员还要像同学们一样，坐在教室里学习基础课程。这些课程包括空气动力学、天文学、航天医学、心理学、力学、电工电子学、各门外语……因为航天员进入太空后会面对很多问题，所以，这些知识也要学扎实。

是不是光是听一听都觉得压力好大？想要成为一名合格的航天员，就要付出超乎常人的努力！

第5章 什么是发射窗口？

现在我们进入的是“载人飞船发射展厅”。

想要观看载人飞船发射，你必须要了解一个词——发射窗口。载人飞船的发射需要选择合适的时间，这个允许发射的时间范围，就叫作发射窗口。

发射窗口的确定是非常严谨的，它受到很多条件的限制，比如航天器的运行轨道、航天器的工作条件、天体运行的轨迹、空间碎片的运动范围、地面跟踪测控设备的通信条件和气象环境状况等。

要知道，载人飞船发射可不像公交车启动，你在后面挥着手大喊：“等等我，我还没上车呢！”司机就有可能多等你一下。载人飞船的发射窗口一旦确定，是一分一秒都不能变的。

知道了发射窗口是什么之后，我们就去看看航天员们准备得怎么样了吧。

通常，航天员会提前几个小时到达发射现场，进行一系列的准备和安全检查工作。

在我国的载人航天项目中，无论是多么重要的航天任务，都要在保证航天员安全的前提下进行。所以如果发射前发现航天器出现了问题，不适合起飞，航天员就要迅速从载人飞船中撤出。

他们会通过发射塔与载人飞船连接的专门通道，来到逃逸滑道的入口，从逃逸滑道滑下去，到达地下安全掩体。万一航天器起火或者发生爆炸，这里可以在一定程度上保护航天员的安全。

在这里，我们介绍一下这个逃逸滑道。它可不像你在游乐场玩的管道滑梯那样拐来拐去，还硬邦邦的。简单地说，逃逸滑道就像一个有弹力的、长长的、上下都开口的大布袋。

逃逸滑道几乎是垂直的，下滑时航天员需要用手和脚控制下滑速度。滑道出口放置着加厚的缓冲垫，能最大程度避免航天员在下落过程中受伤。

值得一提的是，虽然每个航天员都要进行逃逸训练，但到现在为止，我国还没有出现过需要航天员在载人飞船发射前紧急撤离的情况。这足以证明，我们的航天技术已经达到了很高的水平。

骄傲和自豪过后，请把目光聚焦到航天员身上。

爱观察的同学问："咦？为什么其中一位航天员手中拿了根像小拐杖一样的小棒子？难道是命令飞船出发的指挥棒吗？"

不不不，这根小棒子叫"操纵棒"。当航天员坐进座椅后，整个身体都被安全带紧紧束缚住了，这个时候他们的手够不到仪表板。而操纵棒就相当于是航天员的加长手臂，可以帮助航天员操纵仪表板。

你可能又要问："那航天员为什么要躺在座椅中呢？他坐起来，再往前一点儿，不就能够到仪表板了吗？"这个问题问得好，让我来为你解答。

载人飞船发射升空时，一开始是处于加速状态的。在这个过程中，飞船内的航天员要承受相当于自身体重好几倍的过载。所以，为了承受这种高负荷和保障航天员的安全，在载人飞船发射升空的过程中，航天员就不能像大家上课时一样，挺胸抬头坐得笔直，而是要采取仰卧的姿势。这个姿势既可以让人体耐受过载能力最强的胸背部位承受过载，又不影响航天员监视仪表板和完成必要的操作。

现在一切准备就绪了，就让我们屏住呼吸一起来倒数吧！

3，2，1，点火！起飞！

▲ 载人飞船发射升空

有趣的太空生活

| 太空生活部分 |

第 6 章
航天服是什么样子的？

欢迎各位同学继续体验惊险刺激、奇妙有趣的太空之旅！

现在我们已经正式进入太空，有同学问：“航天员需要一直穿着看起来有点儿笨重的航天服吗？”

航天服是航天员的专用服装。每一件航天服都是经过“千锤百炼”制造出来的，充满科技感。当然，它的价格也不菲。

和我们日常穿着的衣服不同，航天服没有过多的样式，也不分男生款和女生款。所以，即使是女航天员，现阶段也穿不到裙子样式的航天服。

航天员去太空“出差”时，需要准备舱外航天服和舱内航天服。在载人飞船发射和返回的过程中，航天员穿的就是舱内航天服。

舱内航天服包括航天头盔、压力调节器、应急供氧与通风管路、可穿脱的手套和靴子，以及一系列的附件。它是航天员在载人飞船内穿的保护性航天服。

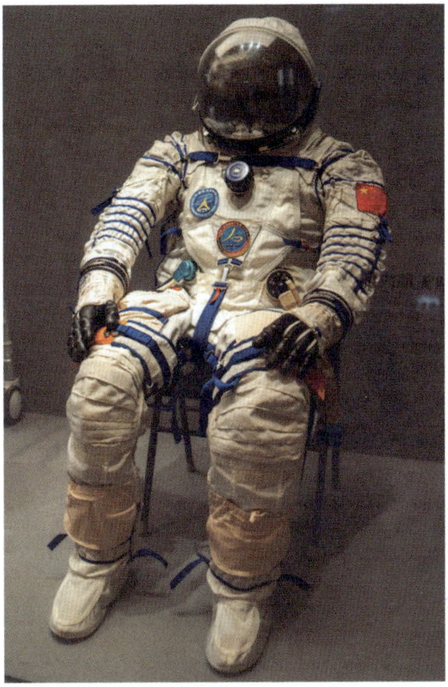

▲ 舱内航天服

航天员可不能因为舱内航天服比较笨重就随意脱掉它，因为航天器发射、返回、变轨和交会对接时，是最容易发生危险的。所以在这些阶段，航天员必须穿好舱内航天服。一旦发生紧急情况，舱内航天服可以保障航天员的生命安全。

等航天器顺利抵达轨道，进入稳定、安全的运行阶段，航天员就可以脱掉舱内航天服，换上轻便的航天工作服了。

再来说一下舱外航天服。顾名思义，舱外航天服

▲ 舱外航天服

就是航天员在太空中出舱执行任务时穿的服装。它的主体颜色为白色，重120千克左右。

没错，大家经常在电影里看到的飘浮在太空中、威风凛凛的航天员身上穿的，就是舱外航天服。

其实舱外航天服不光看上去很帅，更是保障航天员生命安全的超级装备。

要知道，太空的环境不适合人类生存，如果没有结构复杂、功能强大的舱外航天服保护，航天员是无法进入太空的。

舱外航天服相当于一个独立的微型载人航天器。它自带便携式生命保障系统，其中的氧气量足够航天员在舱外工作8个小时；它能将服装内的压力维持在正常范围内，帮助航天员抵抗太空的低压环境；它能防辐射，减小微流星体可能对人体造成的伤害；它还能像个智能空调一样，根据航天员的体温自动调温，确保航天员处于温度适宜的环境内。

对了，你注意到了吗？舱外航天服的手腕处有一面小镜子。你不会觉得它是航天员用来“臭美”的吧？

其实这面小镜子是帮航天员扩大观察视野的。

因为舱外航天服的头盔很沉重，航天员不方便扭动脖子四下观望。有了小镜子的辅助，航天员只要微微抬起胳膊，通过小镜子里的画面，就可以自如地操纵航天服上配备的各种仪器了。这就是所谓的“小设计”解决了“大问题”！

你知道吗？因为舱外航天服要在太空中使用，所以密闭性尤为重要。为了保障航天员的安全，以前的舱外航天服就像个坚硬的大盔甲一样，特别笨重，关节位置甚至都没办法弯曲，非常影响航天员在太空中执行任务的效率。

该怎么解决这个问题呢？这让各国的航天服设计师绞尽脑汁。

直到有一天，一位中国的航天服设计师在吃饭时，发现小龙虾的尾部是层叠结构，这让它的尾部既能收放自如、随意弯曲，同时又很坚硬，可以保护自己。

于是这位设计师有了灵感。他利用小龙虾尾部的结构原理，设计了一套关节处为层叠结构的航天服，解决了航天服关节处活动不方便的问题。2008年，我国历史上首次太空漫步，航天员翟志刚身上穿的就是我们中国人自己研发的“飞天”舱外航天服。

▲ 翟志刚出舱进行太空漫步

当然，随着航天科技发展的日新月异，如今我们的航天服又有了更先进的设计，航天员能更好地去探索太空了！

第 7 章
什么是空间站？

准备好了吗？接下来让我们一起进入太空中“移动的房子”——空间站！

空间站，又叫航天站、太空站，是一种在近地轨道长时间运行，可以供多名航天员巡访、长期工作和生活的载人航天器，也可以说它是一个现代化的空间

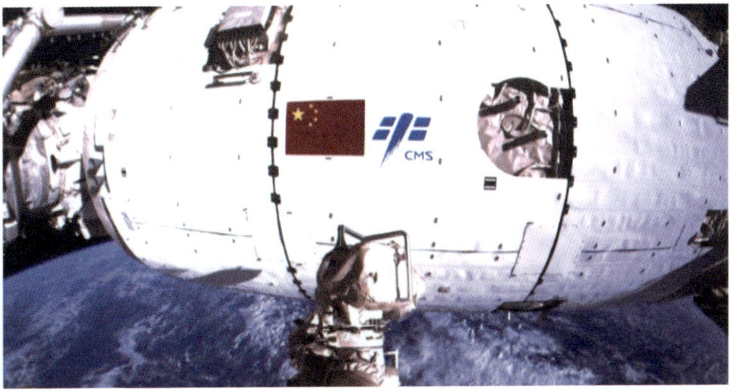

▲ 空间站
（来源：中国载人航天工程办公室）

实验室。

有同学问："太空那么大，空间站是不是可以在太空中随便飘呢？"

当然不是。空间站可不像随风飘荡的风筝，它需要在预定的轨道上运行。就像学校运动会的长跑比赛一样，运动员们要在操场的跑道上跑步，如果跑出跑道就犯规了。

所以，虽然空间站被称为"移动的房子"，但它有自己的运行轨道，不是胡乱移动的。

空间站在轨道上移动时，航天员又该怎么进去呢？

载人飞船带着航天员飞入太空时，为了能让航天员顺利进入空间站，载人飞船不仅要飞到空间站附近，还要和它肩并肩地一起飞。等到飞船的大门和空间站的大门面对面了，它们就会通过精密的计算，从各自的门里伸出"手"来，紧紧地握在一起。

飞船和空间站"手拉手"连接起来的过程，就叫作"交会对接"！

现在你知道了吧，当这个严丝合缝的通道建立

▲ 神舟十一号与天宫二号交会对接示意图

后，航天员就可以安全地从飞船进入空间站了。

进入空间站后，航天员最先要做的事情可不是躺下来休息，而是要报平安！这样，地面指挥中心就知道航天员已经安全到达了。

接着航天员开始“搬家”，把从地球上带来的一部分物品、食品和设备，安放在各自的位置。

我们都知道，在太空中和在地球上不一样。地球上有重力，我们可以脚踏实地地站在地上；但是太空中是微重力环境，航天员在空间站中会飘浮起来，很难在某一处站稳。航天员可以像鱼儿一样在空间站里“游来游去”，游仰泳、蛙泳、自由泳，甚至可以在空中翻跟头。

当然，除了航天员本人，空间站中的所有物品都会飘浮起来。所以，航天员在放置个人物品的时候，就要把它们都固定起来。要把衣服装进柜子，把照片贴在墙上，把日用品固定在支架上……每样东西都有自己的专属位置，千万不能随手乱放，否则它们也会飘起来，加入“空中翻跟头大队”啦！

接下来还要调试厨房设备，准备卫生区使用的物品等。

对了，空间站中还有对航天员来说特别重要的健身区。航天员需要在空间站里定期锻炼身体，因为长期处于微重力的环境下，人体的肌肉会萎缩，骨质会一点点流失。在太空中锻炼是为了防止肌肉萎缩，增强骨质。如果你不想回到地球后站不起来，那就一定要每天都认真锻炼。

经过一番布置后，航天员就可以在空间站中有序地生活了。

当然，除了维持平稳、有序的日常生活，航天员还有一项重要的任务，就是在空间站里进行各种研究和实验，毕竟他们不是来旅游的，工作才是第一位。

那就让我们停下来，好好参观一下这个“移动的房子”吧。

什么？你说在空间站里的人处于飘浮状态，根本没办法好好地停下来，站在一个固定的位置上？哎呀，忘记告诉你了，请大家往墙壁上看！

第 8 章

怎样才能在太空中站稳？

快来看！这里是空间站内部的体验舱。你进来后就会看到，空间站里有很多固定在天花板、墙面或地面上的，像是公交车或地铁里帮助大家站稳的“手拉环”一样的东西，其中帮航天员固定脚部的，也叫作脚限位器。当航天员想要从飘浮的状态中停下来，

▲ 空间站内部的脚限位器

只要把脚塞进去，就可以把自己固定在任意一个位置上了。

空间站中到处都有脚限位器，操作台旁、饭桌前、卫生间里……有了这个法宝，你可以斜着站在墙壁上打一套“龙拳”，也可以头朝下倒挂着给妈妈打一通视频电话。真是随时随地，想停就停。

不仅在空间站的内部，空间站的外面也有一种帮助航天员站稳的脚限位器。与舱内的脚限位器不同的是，它们还可以移动呢。

当航天员在空间站外部进行小范围移动时，他们需要抓着扶手，然后把移动工作台插到空间站舱壁预留的安装孔中。固定好后，再把脚塞进移动工作台上的脚限位器里，这样就可以开始工作了。这样一来，航天员就算双手都用来工作，也不会飘走。

所以，别小看这个“把脚塞进去”的小发明。尽管它的科技含量看起来没那么高，但未来如果你有机会去太空，你的太空生活肯定离不开它们。

对了，你有没有发现，航天员在空间站里，有时可以不穿鞋子？你知道这是为什么吗？

首先，空间站里是恒温，不冷也不热，所以不穿鞋并不会感到不舒服。其次，航天员的脚根本用不着行走，不穿鞋更方便把脚塞进脚限位器里。所以只要你愿意，在空间站里生活完全可以不穿鞋。

有同学问：“那我是不是也可以不穿袜子？光脚飘在空间站里多好玩啊！我平时就喜欢光脚丫子。”

不，不穿鞋可以，但袜子一定要穿。因为人的脚会脱落皮屑。在地球上时，因为有重力，这些皮屑脱落后都会落在地上。但是太空中是微重力环境，这些脏脏的小皮屑脱落后，会飘浮在空中。所以，入住空间站后，一定要记得穿袜子哦！

我看到这位同学有点儿担忧，他说自己未来万一成为了光荣的航天员，可脱掉鞋后，冒出一股臭袜子味儿，那多没面子啊！

其实不用过分担忧。要知道，袜子变臭的一个重要原因是脚上的细菌过多，但太空中非常干净，产生细菌的概率也很小。再加上航天袜子可不是普通的袜子，它是由航天科研人员专门研发的。航天袜子里添加了纳米银离子纤维等各种高科技抗菌成分，所以，一双航天袜子就算穿一个星期也不会臭。

当然，如果你愿意，在空间站中穿鞋也是没有问题的。我国的航天员普遍都会在空间站中穿上鞋子。你可别小看他们穿的这双简单的鞋子哦，它充分体现了科技与时尚元素。

舱内用鞋的制作材料以柔软、轻便、环保的热塑材料和混纺针织材料为主，非常透气、有弹性，还可以防静电。鞋面采用了“鱼排骨”式的波状结构，可以缓冲航天员活动时产生的碰撞。

在鞋底的设计上，我国的设计师还藏进了一点儿浪漫的“小心思”。

他们对“九天揽月”的篆书汉字进行艺术加工后，制成了精美的纹路印在鞋底。这寓意着我们中华民族的子孙，拥有敢于上九天揽月、下五洋捉鳖的气魄!

怎么样，是不是很厉害?如今，我们的航天员用品也在不断地更新换代，相信等你进入太空的时候，就能穿上更高科技、更帅气的“中国制造”舱内用鞋了!

第9章 太空食品好吃吗？

有同学问：“在太空的微重力环境下，任何东西都会飘起来，那航天员该怎么吃饭呢？”

要说第一代的太空食品，还真有点儿惨不忍睹。那是一种用铝管包装的高度浓缩、便于吸食的流质食物。无论是汤、肉泥还是巧克力酱，都像是一管管牙膏一样，航天员需要把食物像挤牙膏一样挤出来食用。

后来出现了小包装的“一口吞”太空食品，它们就像小饼干一样，可以直接放进嘴巴里。为了防止食物残渣飘出来，航天员需要闭上嘴慢慢咀嚼。这些太空食品更注重航天员食用时的便捷性，较少考虑食品的色、香、味方面，所以它们的味道普遍都不太好。

1965年，一个对太空食品的味道忍无可忍的外国航天员把自己最爱的咸肉三明治偷偷带上了飞船。虽然事后他受到了严厉的惩罚，但是也间接地推动了太空食品的变革——在方便航天员食用的前提下，太空食品的营养、口感和味道都有所提高。

现在的太空食品种类可以说是五花八门，有上百种呢！

太空食品包括主食、副食、饮品、调味品等。我国的太空食品还突出了“中国味道”，大家平时喜欢吃的鱼香肉丝、松仁玉米、木须肉、什锦炒饭，在太空中都能吃到。

逢年过节，航天员还能吃到富有节日特色的食物，比如粽子、月饼和饺子。试想一下，在太空中吃饺子，一定有种别样的感觉。

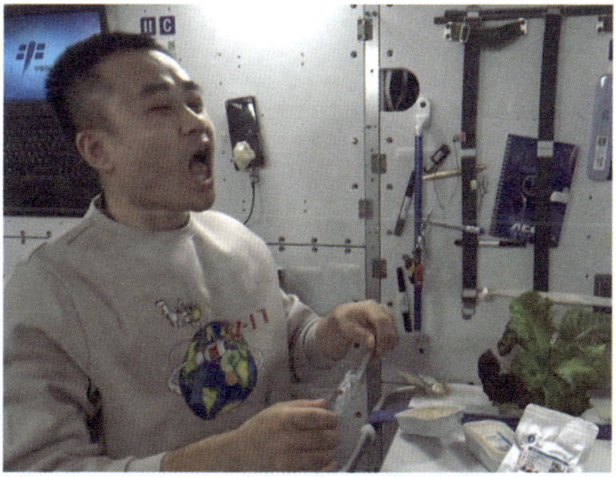

▲ 航天员在空间站吃饺子
（来源：中国载人航天工程办公室）

当然，“牙膏”和“一口

吞”依旧是必备的食品。就像我们家家户户都会准备几包方便面一样，特殊情况下也可以食用。

说到这里，我有一个问题想要考考你：你觉得航天员在太空中最爱吃的东西是什么呢?

航天员进入太空时，全身的血液会受到微重力环境的影响向上涌动，而不是正常重力情况下的向下流动。这样一来，就会导致航天员面部肿胀、鼻窦堵塞，就像得了感冒一样。

想想看，人在感冒的时候会怎么样？当然是鼻子不通气、吃东西没味道了！ 由于这个原因，航天员更喜欢具有刺激性、重口味的食品。所以，很多航天员在太空中最爱吃的东西，其实不是大鱼大肉，而是榨菜和辣酱!

是不是个很有趣的小知识？你可以拿它去考考爸爸妈妈。

吃完东西，少不了喝水。

有同学问：“为了不让水也飘浮起来，航天员喝的是不是一瓶一瓶的纯净水啊？”

其实这是行不通的，因为在你拧开瓶盖的一瞬间，水就会飞出去。还有，储存瓶装水十分浪费空间站内有限的空间，喝完水后的空瓶子也不好处理。航天员总不能把空瓶子直接丢出去，让它变成太空垃圾吧，那可太不文明了！

所以，在太空中喝水需要专用的水袋。航天员借助水袋上的吸管，就可以把水直接吸进嘴里了。当水袋里的水喝完后，再去空间站里的饮水机上接水就可以了。

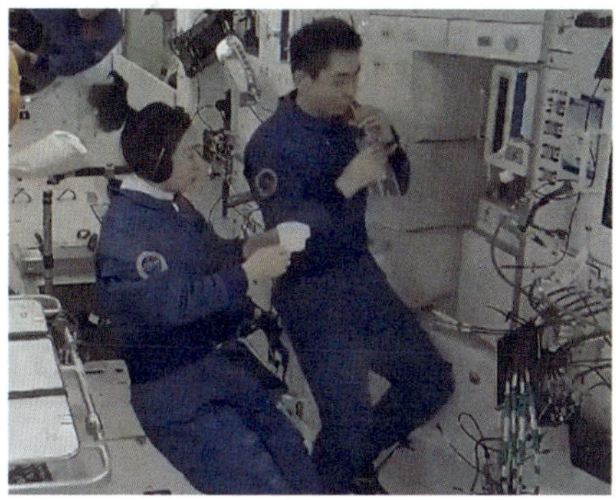

▲ 航天员在空间站喝水

哈哈，看到这么多好吃、好喝的东西，你是不是都要流口水了？

但是，我不得不提醒你，千万不要吃得太饱，因为吃得太饱了会打饱嗝。要知道，在太空中打嗝可不是一件小事！

什么，你不信？那就跟我来看看吧。

第 10 章 在太空生活需要什么本领？

在太空中打嗝，可不是想打就随时能打的。

因为在这里，重力的作用非常微弱，以至于我们胃中的气体不会从液体中分离。简单地说，就是气体和你吃进去的食物、喝进去的水，都混在一起了。

所以请你想象一下，当你打嗝时，气体迫不及待地从胃部冲出去，肯定会带着和它混在一起的食物残渣和水一起向外涌。这样一来，看起来平常的打嗝，很可能就会变成可怕的“喷泉”！

不过没关系，为了可以正常打嗝，航天员想出了一个妙招来分离胃部的气体和液体。

方法就是用手使劲推一下空间站的墙壁，这样产生的反作用力会把人反推出去，与此同时，这种反作用力就像重力一样可以让胃里的液体和食物残渣落下去，趁胃里的气体和液体分离，就可以抓紧时间打出一个舒服的气体嗝了。怎么样，你学会了吗？

接下来我要说一个听起来同样不雅，但我们又不得不面对的问题，那就是放屁。

屁是一团气，在肚子里转来转去，如果不放出去，会影响你的身体。所以我们现在来讲一讲这个“有味道”的问题。

大家都知道，空间站的环境是封闭的，屁放出来的一瞬间，会聚集在某个位置，导致这个位置特别臭！

还好这一现象持续的时间会非常短，因为空间站的通风系统很快就会把异味排出去。

但毕竟在狭小的密闭空间里，放屁这种事情还是会让人觉得尴尬的。所以太空食品是用特殊工艺制作的，除了要满足营养健康的需要和提供足够的能量，还有一个特殊的要求，那就是吃了之后可以更好地被身体吸收，尽量使人体减少废气产生的次数，也就是减少放屁。

有同学问：“那万一有一个屁溜了出去，碰巧又遇到空间站中的空气净化器和通风系统出现问题，这个屁会不会引起爆炸？毕竟，屁中可有氢气和甲烷这些可燃气体。”

这个问题很有意思，那我们就来分析一下吧。

我们都知道，可燃气体在空气中的浓度需要达到一定量才有可能引起爆炸。就算通风系统出了问题，大家在空间站中要做到整齐划一地同时放屁，还要放出使可燃气体达到一定浓度的屁，才有可能引起爆炸。这种情况发生的可能性是微乎其微的！

所以各位大可不必担心，你去太空旅游时，就算不小心放了一个屁，也不会引起爆炸的。

对了，还有一样平时我们很常见的东西，在太空中也存在一定的危险，你知道是什么吗？

它就是水！

第 11 章
太空中的水是什么样的？

大家都知道，水在微重力的环境下会呈现一种奇观，那就是变成大大小小的水球、水珠。

航天员在为地球上的小朋友们进行太空授课时，经常会用水来做道具。

航天员会从水袋中挤出一个小水珠，先让大家看一下水在太空中的形态，接着一口把飘浮在半空中的小水珠含进嘴里喝掉。航天员还会把小水珠当乒乓球打来打去，只要控制好力度，它就不会

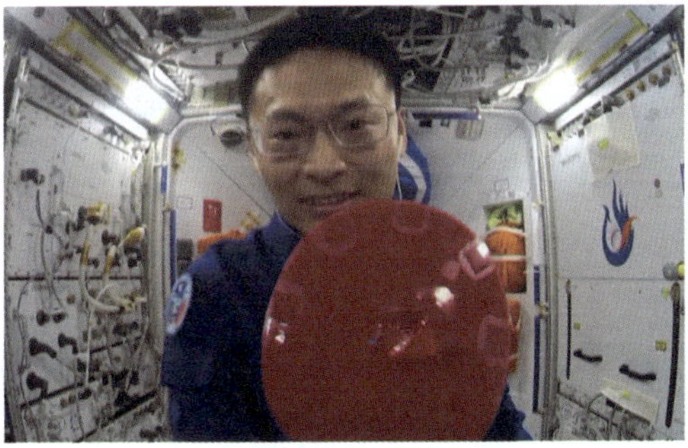

▲ 水珠“乒乓球”
（来源：中国载人航天工程办公室）

碎裂。如果两个小水珠在空中相撞，就会变成一个大水球。

有同学想知道，太空中几乎没有重力，那颜色还会在水里扩散吗？于是航天员就做了这样一个实验。

航天员把蓝色的水彩颜料用针管注入到水球里，原本晶莹透明的水球就变成了蓝水球。现在你知道了吧，这种颜色的扩散在微重力环境下也会发生。

这么多关于太空中水的实验，是不是看起来很有趣？但其实这些水有时也会惹麻烦，比如航天员在太空中就不能轻易流眼泪。

有同学问：“这是为什么？难道航天员要证明自己很勇敢？”

不，是因为人在微重力环境下哭泣时，眼泪无法自然地流下来，而是会在眼眶里打转，或是停留在眼角处。如果不及时处理，甚至有可能会被航天员不小心吸到鼻孔里，让航天员像游泳时呛到水一样不舒服。

有同学问：“那如果在太空中，有水珠‘逃跑’了怎么办？”

不要着急，要想抓住水珠，可以找一条毛巾，把水珠吸进毛巾里。不过切记在这之后不要拧毛巾。因为在地球上拧干一条湿毛巾很容易，但是在太空中，想要拧干毛巾，就算手劲再大也没用。毛巾里的水被挤出来后并不会掉落下去，而是会变成一层水膜，吸附在毛巾表面。可以说，在太空中，就算是大力士也无法拧干毛巾。

但你别担心，有一个更简单的好办法处理湿毛巾，那就是把湿毛巾固定在一个位置晾干。蒸发后的水还能被回收，变成空间站中的使用水，一点儿都不会被浪费。

有同学问：“水珠这么危险，那航天员进入太空后是不是就没法刷牙、洗澡了？”

当然可以！接下来，我们就去看看航天员在太空中是怎么保持个人卫生的。

第12章
在太空中怎么刷牙和洗澡？

刷牙，是大家日常生活中不可缺少的好习惯。

在地球上刷牙很简单：挤牙膏、刷牙、漱口，完成！可是在太空里，顽皮的水珠会飞起来，那该怎么刷牙呢？

有一种方法是嚼一块特制的口香糖，这种口香糖可以帮助航天员清洁口腔、保护牙齿。另一种方法是用牙刷直接刷牙，当然，刷牙时一定要注意不让水飘出去。

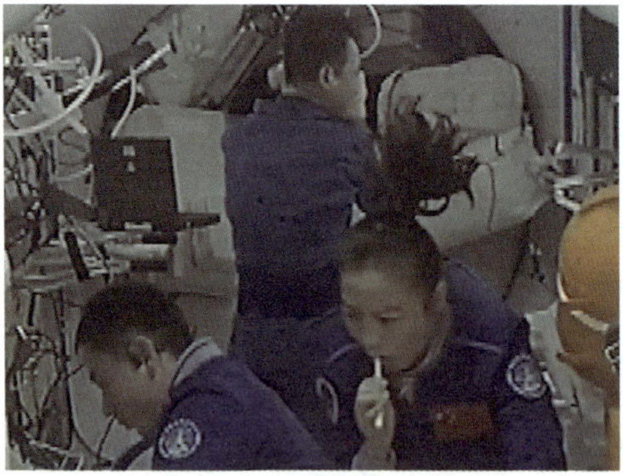

▲ 航天员在太空中刷牙

还有一种方法是使用无菌纱布制作的指套，

刷牙时，航天员把指套套在食指上，把牙膏挤在上面，用手指代替牙刷。

不知道你注意过没有，航天员在刷完牙后，通常会把牙膏水直接咽下去。

有同学问："把牙膏水咽进肚子里？牙膏水能喝吗？"

大家平时漱口的牙膏水最好不要咽下去，但航天牙膏可是特制的。没错，航天牙膏就是可以吃的牙膏。航天员把牙膏水咽到肚子里，就不用担心刷完牙之后吐出的牙膏水会满天飞了。

瞧吧，刷牙这么一件小事，在太空中都不能马虎，更别说洗澡这件大事了。

在太空中洗澡可有点儿麻烦。首先，所有的洗漱用品都要装在袋子里封好口；其次，还要考虑洗澡时水珠会乱飞的问题。

航天员洗澡，我们可以简单地比喻为"大洗"和"小洗"。

"大洗"花费的精力更多。早些年，有些国家的航天员"大洗"时，需要钻进一个不透水的尼龙袋子里，然后拉好袋子口。袋子顶端有水管，水会通过水管直接喷到航天员身上。但这样洗澡还是会有水珠飞起来，所以，航天员洗澡时要戴好像防毒面具一样的呼吸面罩，以防水珠呛进鼻子里。

后来这种洗澡方式得到了改进：工程师在袋子顶部安装了增压装置，水可以猛地喷出来；同时，袋子底部也增加了更多的吸水装置，洗完澡的水还没等飘起来，就会被瞬间吸走。

但是，我们都知道空间站的空间有限，水资源也是非常珍贵的，这种“太空淋浴”的缺点就是太费水了！

所以大多数时候，航天员都是“小洗”，也就是挤上免洗浴液，用一条湿毛巾来擦拭身体。如果要洗头的话，就把浴帽套在头上，用免洗洗发液搓一搓头发就可以了。

至于洗脸、洗手就简单多了，一块消毒湿巾便可以搞定。

还有一个很有趣的卫生习惯，那就是在太空中剪指甲，并不是随时随地想剪就剪的，因为剪下来的指甲会飘走，收集它们要花很大的力气。

所以有的国家的航天员在剪指甲的时候，会先找到空间站里的一个空气循环口。空气循环口上覆盖着一层吸尘清洁滤网，用指甲刀剪下的指甲会被空气循环口直接吸走，而不会到处乱飞。等剪完指甲之后，再统一清理一下滤网就可以啦！

这样看来，在太空生活还是比在地球上生活要吃力一些的。不过，我们的航天员还是能够克服这些困难，圆满地完成每一次太空任务。

第 13 章 在太空中怎么睡觉?

同学们猜一猜，航天员在太空中睡觉和在地球上睡觉，哪个更好玩呢？没错，在太空中睡觉更好玩！

因为太空中是微重力环境，重力太微弱了，人们几乎感受不到，难免会失去方向感。所以航天员不管是平躺在半空中、盘腿坐在半空中、正立在半空中，还是倒立在半空中睡觉，感觉都一样。

那么航天员在空间站中睡觉，真的可以这么随意地飘来飘去吗？

当然不是啦。如果随便飘，睡着后也许会飘到别人身上，或者飘到天花板附近。磕碰一下还是小事，万一在睡梦中一翻身，无意中按下了返回键，醒来时发现自己已经降落在地球上了，那可怎么办？

当然，这只是一个夸张的想象，太空中“移动的房子”也不可能按下一个按钮就能返回地球，但不小心碰到空间站中的任何一个装置，都存在危险。

所以，在太空中睡觉需要睡袋。

我国的空间站中有立式睡眠区，也就是把睡袋垂直挂在舱壁上的睡眠区。航天员睡觉时不仅要让身体钻入睡袋，双手也要放进睡袋中固定起来，看起来就像个可爱的大蚕宝宝。

还有平躺式睡眠区，睡袋平放在床上。航天员钻进睡袋，同样要把自己固定起来。

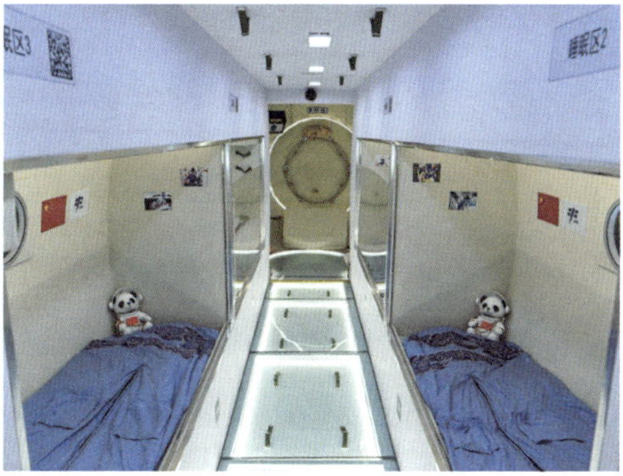

▲ 空间站睡眠区

有同学问：“为什么航天员睡觉时，双手都要放在睡袋里呢？我睡觉时就喜欢把双手放在被子外面。”

因为在太空的微重力环境下，当你完全进入梦乡后，双臂如果不被固定好，就会不受控制地飘荡起来，像两条在水中摆动的海带。想想看，说不定挥舞的手臂会把你从梦中吓醒呢！

对了，你有没有发现，在地球上睡觉时，不管是躺在床上，还是靠在沙发或椅背上，你的身体都要挨着一个东西，有“依靠”的感觉才能睡着。而在太空中睡觉，这种“依靠”的感觉就很难找到了。毕竟在微重力的状态下，我们几乎感觉不到身体的存在。

所以，如果航天员因此而睡不着时，会把睡袋绑得更紧一些，给身体制造一点儿人为的压力，感觉有了“依靠”后，就能提高睡眠质量啦。

在空间站的睡眠区，还配备了观景舷窗。航天员在休息之前，还可以欣赏一下绝妙的太空美景呢！

是不是很羡慕？那你们一定要好好学习，长大后也去太空中“移动的房子”里感受一下。

第 14 章 在太空中怎么上厕所？

说完太空中的吃饭、刷牙、洗澡、睡觉，下面让我们一起来到太空卫生间。

我知道大家都期待已久了。因为经过我们的调查统计，“航天员在太空中怎么上厕所”这个问题，竟然排在同学们感兴趣的问题中的第一位！

看得出大家对这个问题都很好奇。实际上，对于早年间的航天员来说，上厕所确实是太空生活中比较麻烦的事情。

我们在地球上生活，大部分家庭使用的都是抽水马桶，那么太空中的马桶，你可以简单地理解为“抽气马桶”。

太空中的马桶比地球上的普通马桶要小一些，以确保它的开口能够紧密地贴合在屁股上。而在使用马桶时，航天员也必须要记住并遵循每一个步骤。

在上厕所前，航天员要把脚固定在卫生间地面的脚限位器上，然后坐下来，固定住自己的身体。千万不要觉得麻烦，如果身体没固定好，厕所上到一半的时候，航天员可能就会飘起来。做好这些准备工作后，才能开始正式上厕所。

我国空间站的太空马桶，还特意为女航天员设置了适用于女性的如厕装置，更加人性化。

随着航天技术的发展和进步，与早期那种要把自己“五花大绑”才能上厕所的马桶相比，现在的新型太空马桶就方便多了，它的抽气效果也比之前更好。太空马桶将尿液吸走后，经过多道工序，最终会将尿液转化成水，供空间站内部使用。当然，也可以提供给航天员饮用。

我看到你们的眼睛已经瞪大，嘴巴张得溜圆！但请大家放心，这些经过过滤加工的水的质量甚至优于一般的纯净水，比我们平时喝的水还要卫生。

接下来，我们来说说粪便的处理方式。

航天员排出的粪便同样会通过抽气马桶被快速抽

走，并通过减容封装等后续处理，解决它们的存储问题。

我听到了同学们的尖叫："为什么便便也要储存起来？"

不然呢？作为文明的地球人，不能把它们直接丢进太空吧！

不过不要担心，多数情况下，它们也不会被直接丢弃。等航天员返回地球的时候，一部分废弃物会被货运飞船带走，并随货运飞船再入大气层销毁。大气层摩擦产生的高温会让它们一瞬间燃烧殆尽，不会造成任何污染。

所以，即使是大家已经非常熟悉的日常生活中的某些必须要做的事，到了太空中依旧要重新学习、适应，并遵守新的规则。

第 15 章 生活中能用上哪些航天科技?

说到在太空中上厕所，我们就不得不说这个物品——尿不湿。

你不知道吧，婴儿用的尿不湿其实是一项很有意思的航天科技发明。

很久以前，人类历史上第一位进入太空的航天员加加林在准备进入发射舱的时候，大概是因为太紧张了，突然想去厕所。

无独有偶，同一年准备飞向太空的一位美国航天员，也是在等待飞船发射时遇到了尿急的问题，但因为时间紧迫，指挥官只能命令他尿在航天服里。

为了解决这类令人尴尬的问题，科学家们一起开动脑筋，对原来已有的一种可吸水材料进行了改进，最后研发出了一款“强力吸尿裤”。

这下航天员总算放心了。他们在执行短期飞行任务（飞行时间在20个小时左右）的时候，会选择减少进食并穿上强力吸尿裤。在执行出舱任务时，航天员也需要穿上强力吸尿裤，因为一次出舱任务可能要花费几个小时，航天员不可能为了上一次厕所就中断任务。

相信你已经猜到了，这种强力吸尿裤其实就是尿不湿的前身。

后来，这项航天专用技术慢慢发展为民用后，就变成了小宝宝们穿的尿不湿。

除了尿不湿，还有很多航天科技广泛应用到我们的生活中。

再来看看方便面中的脱水蔬菜，它也用到了神秘的航天科技。

▲ 脱水蔬菜

早期的航天食品没有那

么丰富，为了让航天员在太空中能够吃到蔬菜，航天科学家们专门研发出了冷冻脱水蔬菜技术。后来，这项技术逐渐应用到方便食品的生产中，也就是用于生产方便面中的蔬菜包。于是我们的方便面里也有太空食品了。

航天科技除了为我们带来了更多好吃的，还带来了很多实用的发明。比如条形码，它最早是为了更好地标记和区分航天设备不计其数的组件而发明的。后来，条形码被用到了我们的生活中：我们在超市购物时，在书店买书时，都可以看到一个个条形码。条形码不只在结账时使用，它还可以标记商品的生产信息、库存情况、销售数量等。据统计，全世界每天约有50亿个条形码会被扫描！想象一下，如果没有了条形码，我们的工作和生活效率可能会降低不少呢！

再来说说我们常见的气垫运动鞋。它不仅轻巧舒适，而且弹力十足，因为它是用名为“中空吹塑成型”的工艺生产出来的。而这种技术，最初是用来制造航天服内胆的。

除了这些，还有很多航天科技产品藏在我们身边呢，如制作枕头用的记忆海绵，还有急救毯、隐形牙套、数码相机、空气净化器等，这些大家耳熟能详的东西，都与航天科技有关。

现在，我们的生活中处处都有航天级的用品了！

第 16 章
航天员去太空都做些什么工作？

同学们有没有感到过好奇：航天员去太空后，每天都在做些什么呢？

航天员去太空“出差”，可不是为了在空间站体验飘来飘去的感觉，也不是为了给地球上的小朋友上几节太空中的科学课这么简单，他们在太空中的工作一点儿都不轻松。

首先，航天员需要是“装修专家”。

“装修”不仅有大规模的搭建，还有小规模的组装。刚来到空间站的时候，航天员每天要做的工作就是“拆快递”！他们需要把货运飞船运送上来的各种设备手工安装到空间站的相应位置，然后启动设备并进行调试。

不要觉得这和拼积木一样简单，飘在太空中作业，是需要过硬的专业知识和技术的。

就像神舟十五号上的航天员们，他们进入空间站后，最重要的就是完成了问天实验舱CMG（控制力矩陀螺）设备在轨组装、梦天实验舱两相系统实验柜解锁安装、燃料科学实验柜插件安装、高温材料科学实验柜解锁安装等工作。这为我国的太空实验和研究提供了有利条件和保障。

其次，除了进行这些最基础的安装工作，航天员还得是一个合格的“修理工”。

要知道，不管是多坚固的航天器，在太空复杂的环境中，都是有可能会出问题的。虽然大部分时间航天器都能顺畅地自动运行，但偶尔也会出点儿小毛病。所以，不管是太阳能帆板的护理、空间站设备的维修，还是航天器与地面的联系中断时对通信系统故障的处理，只要这座“移动的房子”出现问题，航天员都要去检查、去维修。

最后，航天员来到太空中还有一项重要任务，那就是做实验！

有好多实验样本会跟随飞船来到空间站，航天员把它们安放到实验柜里后，需要用很长一段时间来进行研究。

比如细胞学和植物学的研究，航天员不仅要配合地面科学家记录实验过程中实验样本的相关数据，还要收集实验的结果。

在众多实验中，太空育种实验格外有趣！你知道吗？在微重力环境下进行过太空育种的南瓜，如今已经搬上我们的餐桌了。

现在你知道了吧，作为一名合格的航天员，那真是十八般武艺都要精通，这样才能更好地完成探索太空的任务！

第17章 太空生活会无聊吗？

航天员每天在封闭的空间站里工作，你是不是担心他们会闷得慌？

其实，太空生活并不像你想象的那么枯燥。航天员也不可能时刻都工作，他们要休息、要健身，同时也有自己的休闲娱乐方式。

偷偷告诉你，在休闲娱乐方面，各国的航天员都有不同的喜好，所以他们进行的休闲娱乐活动也不太一样。

俄罗斯的航天员在空间站里踢过足球。他们使用的足球叫作“电视之星18”，这枚足球被运回地球后，还成为了2018年世界杯揭幕战用球。

请注意上面这段话里的关键点：这场太空足球友谊赛是在“空间站里”进行的！

那如果走出空间站，在真正的太空中踢足球会怎样呢？

我们都知道，太空中没有大气压。而足球内部充满了空气，如果它被拿到了太空中，足球内部的空气会向外膨胀，足球瞬间就会爆炸。

所以，在真正的太空中踢足球不现实，除非你拿来的是一个实心足球。

当然，除了运动，在空间站里演奏乐器也是不错的选择。毕竟演奏乐器可以调节心情，对航天员来说

▲ 王亚平在空间站弹奏古筝

是有很多好处的。

2022年的元宵节，我国的航天员王亚平就在空间站中用古筝弹奏了一曲《茉莉花》。元宵晚会节目组对这首从空间站传来的乐曲进行了转播，让航天员和演播厅里的民乐演奏家们用音乐实现了“天地间的对话”。

除了以上这些休闲娱乐活动，航天员还可以打太极、写毛笔字、听音乐、看书、看电影、下棋，或是给家里打视频电话。

如果航天员带上了球拍，还可以打乒乓球。毕竟，在空间站里，乒乓球的飞行速度是非常缓慢的，不用担心它会破坏空间站里的仪器。

总之，只要是适合在空间站里进行的休闲娱乐活动，航天员在工作之余都可以进行。

第 18 章 什么是太空垃圾？

你帮爸爸妈妈扔过垃圾吗？是不是按照垃圾分类标准认真分拣后，再扔到对应的垃圾箱里？

那在太空中该怎么扔垃圾呢？太空中是不是也飘浮着各种颜色的分类垃圾箱？哈哈，当然没有啦，我们也没有大到能装下所有太空垃圾的垃圾箱。

说到这里，我先要给大家讲一下，什么是太空垃圾。

我们通常把宇宙空间中废弃的各种人造物体，比如人造卫星碎片、飞船残骸、人类使用的物品等，都叫作“太空垃圾”。

请注意，是“人造物体”，那些流浪的小行星、无名的陨石，都不是太空垃圾。

有同学问：“我们用大火箭送到太空中的都是些

厉害的卫星，它们怎么会变成垃圾呢？”

当运载火箭把卫星送往地球轨道时，火箭丢弃的金属外壳、末级残骸等就成了飘浮着的太空垃圾。卫星结束工作使命后，如果还固执地沿着轨道飞行，那么它也变成了太空垃圾。

自第一颗人造卫星发射到现在，世界各国执行的发射任务不计其数，因此也产生了大量的太空垃圾。虽然其中大部分都在落入大气层时燃烧殆尽了，但至今仍旧有约几千吨的太空垃圾残留在地球轨道上。如

▲ 环绕着地球的太空垃圾

果这些流浪的太空垃圾相互碰撞，破碎成千千万万的小碎片，就会产生更多的太空垃圾。

除了这些，还有一些让你意想不到的太空垃圾。比如航天员丢失在太空的航天手套，航天员出舱时从舱内不小心飘走的螺栓、垫圈……曾经还有一支铅笔飘入太空，变成了太空垃圾呢！

大多数太空垃圾的运行速度可达到每小时28000千米，这些太空垃圾都会给运行中的航天器带来隐患。

也许换种说法能更好地帮你理解：如果10克重的太空垃圾撞上一艘航天器，所产生的威力不亚于两辆高速行驶的小汽车迎头相撞！是不是很可怕？

那我们就任由这些太空垃圾占领太空吗？当然不是啦，其实很多国家都在为清除这些太空垃圾做着努力。

就像我国的“遨龙一号”，它就是一台本领高超、会主动清理太空垃圾的飞行器。

“遨龙一号”可聪明啦，它不仅可以用高科技机械臂抓住太空垃圾碎片，还能把它们带到大气层烧毁。

更厉害的是，“遨龙一号”可以提前检测出太空垃圾的性质。这样，机械臂就知道该用多大力气去抓太空垃圾，既不会让它溜走，也不会把它抓碎变成更多垃圾。

可是太空垃圾实在太多了，不是一时半会儿就能清理干净的！所以，一方面，我们要努力清理太空垃圾；另一方面，我们还在航天器上安装了躲避太空垃圾的装置，用来保障航天器的安全。

第19章
航天器的“翅膀”有什么用？

欢迎来到航天器部件展示区，请你猜一猜，在太空中的航天器用不用“吃饭”？当然要“吃饭”，它们的“饭”就是电！

本领高强的空间站或者卫星，如果没有了电，就无法在太空中继续工作了。

那么航天器使用的电是哪儿来的？有些同学说：“出发去太空前，可以给航天器充满电！”

可电用完了怎么办？太空中可是没有插座、大电池或者充电宝的。所以，怎样持续不断地获取电能，就成了航天器在太空中工作时的重要问题。

于是，科学家们开动脑筋，给在太空中飞翔的航天器制造了美丽的“翅膀”——太阳能帆板。

它最大的本领，就是把太阳能转换成电能。

看，有了这种“翅膀”，不管是空间站还是卫星，都不用担心“饿肚子”的问题了！

▲ 展开太阳能帆板的航天器
（来源：中国载人航天工程办公室）

要知道，太空中没有大气层的阻隔，太阳光的照射强度非常大，而且它的能量取之不尽，用之不竭，这可比背着一大堆电池飞上天划算多了。

有同学问：“航天器在太空中不停地飞，太阳能帆板总能被太阳光照到吗？”

嗯，这个问题真不错，这位同学一看就是在不停地动脑筋，竟然想到了这么关键的问题。

悄悄告诉你吧，在航天器的身上，其实还藏着一个叫作“太阳敏感器”的宝贝。它能时刻追踪太阳光照来的方向，并指挥太阳能帆板面向太阳。就像向日葵一样，永远把大大的笑脸朝向太阳。

为了给航天器带来足够的电能，太阳能帆板总是尽最大能力张开，捕捉更多的阳光。可这也增加了风险，就是太阳能帆板被太空垃圾撞坏的概率也变大了。如果太阳能帆板损坏，将会给航天器带来无法估量的损失。

20世纪70年代，美国的“天空实验室”发射升空，可发射过程并不顺利。在发射过程中，航天器其中一侧的太阳能帆板掉落了。更倒霉的是，另一侧的太阳能帆板也出现了故障，无法正常展开。可想而知，在进入轨道后，“天空实验室”就只剩下一只无法完全展开的“翅膀”了！这让“天空实验室”几乎没有电力供应，以致航天员根本无法在空间站里面工作。

经过航天员的多次修复，另一侧的太阳能帆板终于能完全展开，“天空实验室”才恢复了正常运转。

由此可见，太阳能帆板这双美丽的“翅膀”十分重要！有了它，航天器才能平稳、安全地持续遨游在广袤的宇宙中。

第 20 章 火焰在太空中是什么样的？

同学们，你们知道火焰在太空中是什么形态吗？

首先我们要知道，在太空中燃烧起来的火不再是“火苗”，而是“火球”。接下来我会向同学们解释一下，为什么会出现这么奇怪的现象。

请你回忆一下，平时我们在点燃生日蜡烛的时候，看到的蜡烛的火苗是什么样的？是不是“圆圆的屁股，尖尖的头”，像泪滴一样的形状，并且火苗还在不断地跳跃？

那是因为在地球上有重力，火焰燃烧的时候会加热周围的空气，被加热的空气密度变低而上升，而周围的冷空气会补充过来使火焰继续燃烧。由此，火焰周围形成了空气向上移动的对流循环。所以，火焰就被拉成了泪滴的形状。

但在太空中就不一样了。我们都知道，太空中是微重力环境，空气对流微弱，火焰不会被“拉扯”，而是安静地燃烧，所以才形成了火球。

▲ 空间站中的火焰与地球上的火焰形态对比
（来源：中国载人航天工程办公室）

过去的航天员们一直想要把太空中火焰燃烧的形状拍下来给大家看，但在太空中用明火是非常危险的事情。毕竟，在微重力的环境下，谁都没办法确定这些小火球下一秒会飘向哪里。

曾经有航天员想到了一个让地球上的人们也能看到“太空火焰”的好主意。他们在一个密封的金属罐子里安装了微型摄像机，并往罐子里充进了可燃的气体。于是，当气体被点燃后，罐子里就出现了很多小小的火球。更让人惊讶的是，它们在罐子里四处飘荡，过了很久都没有熄灭。

不久前，我国神舟十六号飞行乘组的航天员们，也向大家展示了太空中火的形态。

航天员先用火柴点燃了一根蜡烛。对比地球上火焰的形态，我们可以看到，地球上蜡烛的火焰是泪滴形的，而在太空中燃烧的蜡烛火焰形状则近似球形。随后，航天员轻轻转动蜡烛，可以看到火焰的形状几乎没有变化。

这下大家就知道了，在太空中，火的形态和水的形态一样，都是球形。

此外，太空中的火球与地球上的火焰还有一个明显的区别。地球上的火焰是红色的，所以我们才会有“热情似火”这样的形容。但太空中的火球就像有魔法一样，闪耀着蓝

▲ 太空中的蓝色火焰

色的光芒。

为什么太空中的火球会是蓝色的呢？

因为在太空中，空气对流微弱，氧气补充不及时，可燃物不能充分燃烧，就出现了看上去非常神秘的蓝色火球。

当然，这些蓝色的小火球虽然看起来很漂亮，但其实是很危险的，它们也像地球上的火焰一样可能引发火灾！

如果空间站发生了火灾该怎么办？想知道答案的话，就请接着往下看吧。

第21章 空间站发生火灾怎么办?

试想一下，如果我们在地球上点燃一张白纸，会出现什么情况？相信大家都见过这种场景：火苗会越烧越旺，在几秒钟的时间内吞噬掉整张白纸。

但如果在太空中，你点燃了一张白纸，只会看到一圈安静的小火星“趴”在纸上缓慢地燃烧着，这个过程不会轻易停止。

那我们就知道了，太空中一旦有火情出现，初期是很难被发现的，因为火焰并不会“腾”地跳起来冲你张牙舞爪，而是会以一种“阴燃”的状态持续燃烧。所谓“阴燃”，就是没有明显火焰的缓慢燃烧。等到烟雾产生，你才会发觉，原来已经着火了。

如果空间站里出现了火情怎么办？太空中没有消防员，航天员只能靠自己了。当遇到小范围的火情时，航天员可以使用灭火湿巾来灭火。

有同学抢答说：“我知道，遇到大范围的火情时要用灭火器！”

那我们就来说说灭火器吧。

大家一定见过在地球上使用的普通灭火器吧？有的能喷出泡沫，有的能喷出水，还有的能喷出白色的粉末，这些都是常用的灭火器。

问题是，到了太空中，有的在地球上可以使用的灭火器就不太适合使用了。

想想看，在空间站里用干粉灭火器灭火时，“噗”的一下，白色的粉末会四处飘散。就算能灭火，但在密闭的空间站里，空气一定会被污染，航天员们就没办法呼吸了。

那么，用泡沫灭火器呢？在太空中，一般的泡沫是没有办法很好地附着在着火物体表面的。灭火后，泡沫清洁起来也比较麻烦。

所以，一些空间站里配备了二氧化碳灭火器和水基泡沫灭火器。它们不会对空气造成污染，灭火后清理起来也更方便。

近些年来，专家们又在研发一种新型灭火器，叫作细水雾灭火器。

我们都知道，常见的清水灭火器其实是不适用于太空环境的。因为在太空中，灭火器喷射出的水珠会飘浮起来，不但无法灭火，还可能造成舱内的仪器和设备短路。

但细水雾灭火器会用泵压或气压喷出水流，形成雾一样的水滴，对火焰产生冷却、窒息作用，这样就可以在太空中灭火了。

细水雾灭火器在灭火后残留的小水滴和水蒸气较为分散，更容易通过通风系统排出，所以不会对航天员和空间站内的设备造成危害。也就是说，等到细水雾灭火技术成熟后正式应用时，以前在太空中飘来飘去的顽皮水珠，也可以在空间站里帮忙灭火了。

怎么样，松了一口气吧。当然还有一种情况，那就是万一空间站内起了火，火势还不小，使用灭火湿巾和灭火器都已经没办法灭火了，那该怎么办呢？

这个时候，要采取“舱段隔离”的措施。

空间站是由不同的舱段连接在一起的，你可以把它们想象成一节节火车车厢。如果一个舱段出现较大的火情，全体航天员会立刻退出这个舱段，然后关闭该舱段，排空舱段里面的空气，再启动舱内的喷射设备，喷出二氧化碳。这样操作，就可以有效地控制和消灭火情了。

虽然建造空间站的材料基本都是阻燃的，但也有一些配件和物品可能引起火灾，比如座椅里的橡胶、纤维板，航天员个人的书本、衣物等。

所以，注意防火，在太空中也是很重要的！

第 22 章 为什么要在太空中健身?

讲了这么久，相信你已经发现了，航天员到太空“出差”其实是很忙的。

他们每天都有自己的例行工作要做，同时饮食起居也会耗费比地球上多得多的时间和精力。但你注意到没有，航天员就算再忙，他们在太空生活时也有一项必不可少的活动，那就是健身！要知道，对于人类来说，健身是保持身体健康和生命活力非常重要的一种途径。

首先我们要明确一个观念：航天员在太空中健身并不是为了保持完美的身材，而是一件必须要做的事。

为什么这么说呢?

因为人类进入太空之后，重力减小，压在骨骼上的力也小了很多，骨骼受到的刺激减小，就会导致贮存在骨骼中的钙脱离骨基质。在这个过程中，身体需要的其他微量元素也可能会被排出体外。钙流失会导致航天员骨质疏松，这样就容易让他们受伤甚至骨折。除此之外，长期在微重力的环境中生活，航天员还可能会出现肌肉萎缩等症状。

为了防止这些情况出现，健身对于航天员来说就必不可少。

航天员的健身可以说是“天地配合”！简单地说，就是航天员在太空中健身时，地面上的医疗人员也没闲着。他们会随时监控航天员的身体指标变化，如果发现航天员的身体素质有所下降，就要适当调整健身的内容和强度。

可是在太空中，你只要用一根手指轻轻推一下舱壁，就可以借助反作用力轻易地翻个跟头。所以想在太空中做真正的运动，没那么简单。

打个比方，在地球上最简单的跑步，你只要穿一双舒服的鞋子，系好鞋带，选个安全的运动场地，就可以开始跑了。但在太空中跑步，只要你脚一蹬地，整个人就会飘起来，完全无处着力。

面对这种情况，我国的空间站设计了一些太空健身“法宝”。

航天员健身的“三大设备”有太空自行车功量计、抗阻锻炼装置、太空跑台，“三小设备”有拉力带、握力器、呼吸肌锻炼器。除此之外还有企鹅服和套袋等，这些都是航天员锻炼身体时经常使用的设备和装备。

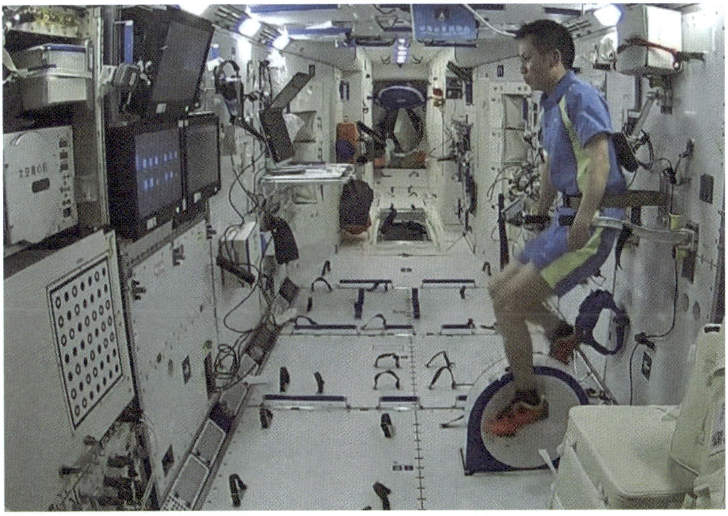

▲ 航天员在空间站中健身
（来源：中国载人航天工程办公室）

只不过，空间站里的健身设备和在地面上的不太一样。比如太空跑台，它配备了弹性束缚带，航天员先要把带子系在身上固定好自己，别让自己飘走了，这样才能顺利地跑起来。

现在你知道了，在太空中，健身不光是航天员的个人爱好和放松休闲的方式，更是航天员维持身体健康必做的功课。

第23章 动物比人类更早进入太空吗？

你知道吗？坐着飞船进入过太空的除了我们勇敢的人类，还有许许多多的小动物。其实早在人类进入太空之前，就已经有很多小动物去过太空了。

我们都知道，太空中没有氧气和水，温度变化也比较大，所以航天器里的“环境控制与生命保障系统”格外重要。有了这个系统，航天员才能够在太空中正常生活。

但是，这个系统是科学家们通过很长时间摸索着创造出来的，总不能没经过任何试验就投入使用吧？这对航天员来说是极度危险的。

因此，在人类进入太空之前，小动物们就承担起了这个艰巨而伟大的使命。

1947年，果蝇成为了第一批搭乘航天器去往太空，又成功返回地球的小动物。但接下来陆续进入太空的小动物就没有那么幸运了，它们中的绝大多数都没有成功回到地球。

1961年，一只名为“哈姆”的黑猩猩进入太空后，又平安地回到了地球。降落后，它的健康状况良好，还欣然接受了一个苹果和半个橘子的奖励。这位勇敢的动物乘客成为了世界上第一个在太空中存活的人科动物。

继黑猩猩哈姆之后，又有更多的小动物陆续进入太空，它们为人类积累了生物学、工程学和航天医学方面的宝贵经验。有了这些经验，人类航天员才能更加安全地进入太空。

现在让我们看一下，都有哪些小动物去过太空吧。

至今去过太空的小动物有果蝇、青蛙、猩猩、猴子、猫、老鼠、蜘蛛、陆龟和鱼类动物等。2023年，我国的神舟十六号航天员乘组返回地球时，还带回了一批线虫实验盒。

有同学问：“线虫那么小，带它们进太空有什么意义呢？”

其实从生物学的角度来讲，线虫和人类的基因组具有一定的同源性。因此，研究它们在太空中的生命周期，对人类而言是意义重大的。

除了线虫，还有其他与人类基因相似的小动物也上过太空。2024年，由4条斑马鱼和4克金鱼藻组成的小型受控生命生态系统成功入驻天宫空间站。斑马鱼与人类的基因相似度高达87%，是一种生命力旺盛的脊椎动物，它也是中国空间站迎来的除航天员外的首种脊椎动物。

当然，和人类进入太空一样，小动物们到了太空中，也会出现各种不适应的症状。

最明显的一点，就是在太空中，小动物们的动作会变得迟缓，身体的协调性也会出现异常，看起来像是喝醉了酒一样。

比如，鱼类动物会不停地在水中转圈——做螺旋运动，或者大力俯冲；一些蛇类动物会给身体打结，把自己系成一个大疙瘩；鸽子和鹌鹑的表现也很奇怪，它们会滚动着向前飞行。

1984年，美国“挑战者号”航天飞机将3000多只蜜蜂送到太空，测试它们对太空环境的适应能力。

这些“蜜蜂乘客”起初很不适应，有的在原地拍打翅膀，有的在玻璃箱内到处乱飞，陷入了混乱的状态。但让人庆幸的是，它们很快就恢复正常了，不仅筑了巢，一只蜂王还在太空中产下了卵。

看了这么多小动物遨游太空的经历，相信你已经知道了，动物不光是人类的好朋友，还是人类探索太空的先驱和伙伴，值得我们敬佩！

第24章 为什么航天员在太空中会长高呢？

你知道吗？航天员在进入太空之后，身体会出现各种各样的变化，比如，他们的脸就会发生变化！

别以为我在开玩笑，不信的话，就请你观察一下刚进入空间站的航天员们，他们的脸会变得圆圆的，看起来就好像是肿了一样。这种情况，我们称之为“月亮脸”。这是因为在太空的微重力环境下，航天员体内的大量血液涌入头部，从而引起头部血压增高、面部浮肿。

现在我们再来说第二个变化，那就是在进入太空后，航天员会长高！

小个子同学也许会兴奋得跳起来，欢呼着：“我要去太空旅行！进入太空是小个子们的福音！”

没错，航天员在太空中长高了的情况是真实存在的。但我不得不说一件会让你感到扫兴的事：就算你进入了太空，也顺利长高了，但想要维持这样的身高只有一个办法，那就是从此不再返回地球。

如果你回到地球，过一段时间就会发现，你的身高又变回原来的样子了！明明长高了，怎么又缩回来了呢？而且在整个过程中，你不疼也不痒，几乎没有任何感觉。

想知道航天员“悄悄出现”又“悄悄消失”的身高去了哪里吗？听我细细道来。

2016年3月，美国航天员斯科特·凯利结束了自己在太空的工作，顺利回到了地球。他在国际空间站已经持续工作了340天，这可真是一次漫长的“出差”啊！

这位航天员有些特别，因为他还有一个双胞胎兄弟。在他进入太空之前，美国宇航局准备了一项研究测试。科研人员分别在斯科特进入太空之前、在轨生活过程中和返回地球之后，对兄弟俩进行了身高、体重等各项指标的数据采集，想要了解太空生活对人体产生的影响。

别的先不说，科研人员在测身高的时候就惊讶地发现，在空间站生活了将近一年的斯科特，回到地球后，身高竟然长了5厘米。

但是斯科特在返回地面不久之后，他多出来的5厘米身高就“不翼而飞”了，又恢复了原来的身高。

后来专家经过研究分析，得出了结论：所谓的“长高”，其实是一种假象。在地球上，由于受到重力的影响，人体的脊柱会被压缩，骨骼间隙较小。可是在太空中，航天员承受的重力减少，脊柱被拉伸，骨骼间隙也随之增大，就自然而然地“长高”了。

看来，想要靠上太空长个子的方法并不可行。真正想要长成高个子，还是要饮食均衡不挑食、生活规律多运动！

第25章 在太空中能看到多少次日出？

下面我们来说一说太空中的日出和日落。

日出带给人蓬勃向上的感觉，而日落能让人体会到平静与祥和。我们在地球上，每天只能看到一次日出和一次日落。

不过，这种情况在太空中可能就会发生改变了。在一本叫作《小王子》的书里，小王子曾说：“有一天，我看了43次日落！”

那么真的可以在一天里看到43次日落吗？有可能！当然，这也要取决于你在太空中的哪个位置看日落。

比如说在我们的空间站里，航天员一天就可以看到16次日出和日落。说得更严谨一些，不是在“一天内”，而是在“24小时内”可以看到16次日出和日落。

在太空中，空间站绕着地球飞一圈的时间大概是90分钟，接下来你就可以算出：24小时是1440分钟，1440除以90等于16，这就意味着，空间站在24小时之内会绕着地球转大约16圈。

每转一圈，居住在空间站中的航天员就能看到一次日出和日落。所以，一天看到16次日出和日落也就不是什么新鲜事了。

但是，随之而来的另一个问题就让人有些头痛了。

我们知道，所谓的“日出而作，日入而息”，是千百年来人们早已养成的生活习惯。大家一般都是太阳升起就起床劳作，太阳落下就睡觉休息。

不过这种作息时间，放在太空里就不太现实了。

想象一下，航天员如果每隔90分钟就躺下睡一觉，那他们每天所做的事情，可能就只有睡觉和起床了。每天16次的日出和日落，会严重影响航天员的生物钟，让他们对时间的感知变得混乱。如果航天员长期作息紊乱，他们的身体健康就会受到影响，工作效率也会变低。

因此，在太空中“出差”的航天员经过一段时间的训练，学会了忽视这种一天16次日出和日落的情况，他们的作息时间完全参照地面时间。

早上，地面指挥中心的工作人员上班，航天员也起床工作；晚上，地面指挥中心的工作人员下班回家，航天员也可以结束一天的工作，休息放松一下，做自己想做的事情，比如看书、跟家人视频通话、写日记、为窗外的宇宙拍一张美丽的照片等。

等到地面指挥中心的工作人员要睡觉了，航天员也会钻进睡袋，熄灯休息。这样一来，就能保证航天员和地面指挥中心的工作人员作息时间同步了。

也许，未来的你真的会踏上那颗一天能看到43次日落的星球！到那个时候，别忘记拍些美丽的照片给我们看哦！

第26章 空间站的氧气是从哪儿来的？

在太空中生活，航天员赖以生存的基础——氧气，一定要确保充足供应。

那么，空间站里的氧气到底是从哪里来的呢？简单地说，是从水里“变”出来的。

在空间站里，航天员可以通过电解水来制取氧气。通常情况下，一升水电解后可以制出大约620升的氧气，足够一名航天员一天所需。所以，用这种方式制氧，远比直接从地面运送氧气瓶上太空划算得多。

这个同学的问题很好，她问：“空间站有那么多水吗？”

我们都知道，航天员所使用的水，有一部分是由货运飞船定期送来的，当然要节约使用。但你别担心，因为电解制氧的水源可不只有这一种水。

比如说，航天员呼吸的时候会产生二氧化碳，这些二氧化碳会被收集起来，与氢气发生反应后制取出水。还有航天员排出的汗液、尿液，经过层层过滤、杀菌之后，也会转化成纯净水，这些水都可以拿来制氧。所以，就不用担心水不够用的问题啦！

对了，要想通过电解水制氧，还有一个必要的条件——电。你还记得前面我们说过的太阳能帆板吗？它们接收太阳能，并将其转化为电能。慷慨的太阳送给我们的能源，是取之不尽、用之不竭的。

再退一步说，如果特殊原因导致氧气储备不够怎么办？别担心，货运飞船运送的货物里有备用的氧气瓶，这些氧气瓶就是航天员的用氧保障。

所以，只要有水、有电，空间站里基本上就不会缺氧气。

有同学提了一个大胆的问题，他问："如果空间站的氧气不小心泄漏出去了，一时半会儿还来不及制氧，那是不是很危险？"

按常理来说，空间站应该是个绝对不漏气的"铁罐头”才对，可是氧气泄漏事件也偶有发生。2004年，国际空间站里就发生过氧气泄漏事件。还好当时的航天员及时发现并成功修补了漏洞，氧气才没有泄漏过多。

无独有偶，2018年，国际空间站内的航天员发现舱内气压降低，这意味着空间站的氧气可能正在泄漏。

发生舱内失压等状况时，航天员会紧急穿戴好舱内航天服。舱内航天服的应急供氧装置会通过供氧软管把氧气送入航天服内，供航天员使用。

穿好舱内航天服后，航天员又经过仔细排查，最后在和国际空间站连接的“联盟MS-09号”航天器轨道舱上发现了一个小漏洞。后来，通过使用特殊的密封胶带等工具，这个漏洞终于被堵上了。

空间站氧气泄漏事件听起来是不是很惊险？希望这样的“惊魂一刻”再也不要出现！

第27章 太空漫步是什么感觉？

你知道吗？所谓的“太空漫步”，其实是一种通俗的说法，科学术语应该是“舱外活动”。太空漫步是指航天员离开空间站等航天器，进入宇宙空间进行活动的过程。

来到太空中的航天员身体会飘浮在空中，他们只能在微重力的状态下移动身体。你可能会感到惊讶的是，虽然说是“漫步”，但实际上在太空漫步时，航天员主要是用手进行移动，而不是用脚。

当然，航天员在进行太空漫步时，每一步都需要格外注意。

有同学说：“我知道，航天员出舱、入舱的姿势都有规定。我看到航天员出舱时，要先出头，再出脚。”

怎么说呢，出舱的姿势并没有严格的规定，但航天员们普遍采取同一种姿势出舱。并不是说脚先出会有什么危险，只是因为头先出比较方便罢了。

因为航天器外面安装了环形扶手，所以上半身先出舱后很容易用手抓握扶手。同理，入舱的时候，手抓着外面的扶手，先让下半身飘进舱内更方便。

现在你知道了吧，因为舱内空间有限，不好布置扶手，所以从航天器设施的布局、航天员进行舱外活动的便捷度等方面考虑，出舱时头先出，入舱时脚先进，这样的顺序比较顺畅。

喜欢观察的同学在电视中曾经看到过，航天员在出舱前一般都要吸纯氧。是不是他们怕舱外航天服的氧气不够用，要提前多吸一点儿氧气呢？

其实不是这个原因。一般舱外航天服的氧气可以使用6～8个小时，基本上足够航天员进行舱外活动了。

那出舱前为什么还要吸纯氧呢？

我们的身体就像一个大容器，在地球上的时候，体内的氧气和氮气这两种气体能够和睦相处。但是太空中几乎没有气压，舱外航天服内也是低压、纯氧的环境。如果航天员直接穿上舱外航天服，体内的氮气会变成气泡在身体里乱窜，还有可能堵塞血管，这样一来，就会得减压病。

所以，航天员在出舱之前吸纯氧，是为了把身体里的氮气排出去。这样，再穿上舱外航天服进入太空，就不会得减压病了。

按照规定安全出舱后，航天员一定要把安全绳固定好。航天服上的安全绳，是航天员在舱外攀爬过程中时刻与扶手连接的安全装置，它的作用是避免航天员在太空中作业时与航天器分离。

▲ 系好安全绳的航天员正在进行舱外活动
（来源：中国载人航天工程办公室）

这种安全绳在航天服的腰部右侧，一条长、一条短。安全绳与舱外的安全扶手相连，不仅可以伸缩，还能承受约一吨的拉力！

除了两条安全绳，航天服上还有一种绳子式样的电缆，人们给它起了一个形象的名字——电脐带。

它与舱内的设备连接，有两个功能：一是用于航天员太空漫步时的正常通信；二是可以作为安全绳的备份。

当然，就算有安全绳和电脐带的保护，航天员也不是想出舱就能出舱的。其中一个重要的原因是，航天服是有使用寿命的。现阶段，舱外航天服一般只能在3年内使用15次，每次使用时间不超过8个小时。

所以，舱外活动都是经过周密计划，有着严格的规范的。

第 28 章
小行星相撞的声音有多大？

不久前，有个同学问了我一个问题：“气球在太空中爆炸的声音大吗？”

想知道这个问题的答案，我们要先来弄清楚声音究竟是怎么传播的。

有个小游戏大家一定玩过。找两个纸杯，在每个纸杯的杯底钻两个小孔，然后用一根线把两个纸杯连起来。当一个人对着其中一个纸杯讲话的时候，另一个人把另外一个纸杯扣在耳朵上，就能听到对方说的话了。

▲ 纸杯电话

两个纸杯和一根线，就是一个简单的“电话”。

那么在这个过程中，声音是如何传播的呢？

声音的传播是依靠介质来实现的。日常生活中，我们说话时能听到彼此的声音，是因为声源产生了振动，之后再通过介质把这个振动传播开来。介质包括气体、液体、固体，它们都可以帮忙传播声音。而纸杯电话里声音的传播介质就是那根线。

再比如说，你的一声“你好”，从发出声音到传到我们的耳朵里，就需要空气这个介质来帮忙。各种气体的分子组成了我们周围的空气，虽然肉眼看不见，但它们通过振动互相传递“你好”这个声音，最后传递到了我们的耳朵里，我们才能听见声音。

知道了这一点后，我们再来说说太空中声音的传播。

假如我们在太空中敲一面鼓，鼓作为声源，依旧可以产生振动。但太空是接近真空的环境，没有空气，也没有其他东西可以作传递声音的介质，所以我们能得出一个结论：在太空中，声音是不能自然传播的。

接下来我们再说说在太空中吹气球的问题。

首先我们得知道，地球上是有大气压力的，当你往气球里吹气的时候，气球外面也会有大气压力压着气球。吹气时，气球内部产生的压力、气球外部的大气压力和气球的表面张力相互作用，可以达成一定的平衡。所以你每吹一口气，气球就会鼓起来一点儿；如果你用手捏住吹气口不再继续吹了，它就保持这个大小不再变化。

但是在太空中可不是如此，太空是接近真空的环境，没有大气压。所以如果我们在太空中吹气球，你会看到，只要轻轻吹一口气，气球就会不断膨胀，然后立刻就爆炸了！只不过，就像我们刚才说的，由于太空中没有传播声音的介质，所以你不会听到气球的爆炸声。

别说气球了，就算两颗小行星在太空中相撞后爆炸了，你也会像在看哑剧一样，只能看到火光冲天的震撼场面，但听不到任何声音。

有同学又问了："两位航天员出舱进行舱外活动时，彼此间需要沟通怎么办？或者一位航天员去舱外工作，需要和空间站里的小伙伴对话，该怎么办？总不能用手语，或者用眼神交流吧？”

你放心，科学家早就想到了这种情况。在航天员出舱时，航天员之间是可以通过无线电沟通的。

所以，学习了这些知识后，大家以后再写跟太空相关的作文时，就不要写“悦耳的音乐声回荡在太空里”这种不科学的语句啦！

第29章 货运飞船的本领有多大？

空间站有一个好伙伴，你知道是谁吗？它就是货运飞船。

货运飞船可是个了不起的大家伙，它沉默不语，但是力气很大。当然，它肩负的责任也很大。

货运飞船通常由货物舱和推进舱组合而成。顾名思义，货物舱是用来装货物的，推进舱则是为货运飞船提供源源不断的动力，“推”着它去和空间站见面的。

我们国家的货运飞船有自己的名字，叫作“天舟”。这个名字听起来就像是遨游在宇宙里的一艘大船，传神又贴切。

现在让我们一起来看看“天舟”系列货运飞船里的天舟二号吧。它总长10.6米，最大直径3.35米，最大起飞重量13.5吨，物资上行能力6.9吨，在轨寿命不小于1年，供电能力不小于2700瓦。

▲ 天舟二号、天和核心舱和神舟十二号形成的组合体（来源：中国载人航天工程办公室）

这些参数代表着什么意思呢？

简单地说，就是它起飞的时候，货物加上自重的质量最高可以达到13.5吨，其中，它携带的货物质量最高可以达到6.9吨，是个不折不扣的大力士。

而在2024年11月15日发射的天舟八号已经可以携带7.4吨的物资，是在它发射时世界上货物运输能力最强的货运飞船。

那货运飞船的任务是什么呢？

其实它的任务很简单：去太空时，要为航天员运去货物，给空间站补给推进剂；回来时，要把空间站运行过程中产生的废弃物带回大气层烧毁。

货运飞船运送的货物都有什么呢？

货运飞船运送的货物可谓五花八门，种类繁多，主要包括食品、服装、饮用水等。运送过去的食品中还包括新鲜的水果，这些水果将为航天员提供丰富的维生素。

有同学问："空间站内部不是恒温吗？为什么还需要定期运送服装上去呢？"

这个问题特别有意思，在回答之前，我想问问你：你觉得在太空中，航天员需不需要换衣服呢？

虽然空间站里接近无菌环境，但人的身体是在不断地新陈代谢的，平时总会出汗，所以身上的衣服总是要脏的。航天员有时候会在太空中生活6个月，总不能6个月都不换衣服吧。

这位同学又问了："那衣服脏了不能洗吗？"

你有没有想过，在微重力环境下，水滴处理不好会到处乱飞，洗衣服是很麻烦的。再说了，运送1千克水到太空的成本可能高达十几万元人民币，用这么贵的水洗衣服，那真是“浪费到天上”了。所以说，货运飞船运送的货物中就必须有新的服装。

货运飞船除了要给航天员运送物资，还有一个重要的使命，就是给空间站补给推进剂。

虽然空间站这个“移动的房子”身在太空中，但还是会受到大气阻力等因素的影响。如果一直放任不管的话，空间站会慢慢脱离轨道。这个时候，它就需要动力使自己回到原来的轨道上，也就需要消耗推进剂。

还有遇到特殊情况，比如微流星来袭，或者主动避让大块的太空垃圾时，空间站也需要紧急调整位置。在这种情况下，推进剂也是必不可少的。

所以，你也可以这样理解，货运飞船的另一项工作，就是给空间站“加油”。

说了这么多，你是不是也觉得“天舟”系列货运飞船很厉害呢？这就是我们引以为傲的“东方快递”！

探索神秘宇宙

| 宇宙研究探索部分 |

第 30 章

你能在月球上当跳高冠军吗?

你一定听过这句话：“这是我个人的一小步，却是人类的一大步。”这是美国航天员尼尔·阿姆斯特朗在1969年7月20日搭乘阿波罗11号登陆月球后说的一句话。

▲ 月球上的第一个脚印

这是人类第一次把脚印“印”在月球上。阿姆斯特朗和奥尔德林两位航天员一共在月球上行走了约两个半小时。

这期间，他们拍摄了一些照片，采集了月表岩石标本。奥尔德林还在踏上月球表面后尝试了几种行进方式。毕竟之前从来没有人类到达过月球，谁也不知道在月亮上应该怎么走路。

刚开始在月球上“学”走路的航天员遇到了一点儿小麻烦，因为当时他们背着大大的背包，这给他们在行进中保持平衡造成了一定的困难。还好这种情况并不严重，两位航天员很快就适应了。

随之而来的问题是，他们发现月球表面的土壤结构松散，不是很好迈步。这是因为月球和地球相比，缺少了两件厚厚的“防护服”——大气层和磁场。所以，月球几十亿年来承受了无数次小行星的撞击，表面的岩石被碾压成了非常细的粉末，最终形成了现在的月壤。

想想看，在这样一抓一大把的松散的岩石粉末上行走，确实不太容易。

那么，在这种表面坑坑洼洼、土壤又松又散的地方该怎样走才能走得稳当呢?

经过尝试，奥尔德林得出了一个结论：想要在月球上正常活动，最方便的行进方式是跨步跑，也就是迈开大步连跑带跳，像大袋鼠一样。

有同学问：“我在电视中看到过这样的画面，但我一直有个疑问，如果他们跳得太用力，会飘到太空中去吗？”

这个问题很好，但你不用担心，因为月球的表面也是有重力的，只不过这里的重力约为地球的六分之一。所以，在月球表面只要轻轻一跳，就能跳到半空中，然后还是会被月球上的重力拉回来的。

现在你知道了吧，就算你是一个不擅长体育的人，到了月球也会瞬间变成“跳高冠军”！

到目前为止，已经有12个人在月球表面上行走过了。我们在向这些人类航天事业的先驱者致敬的同时，也要发愤图强，争取早日把中国人的脚印也留在月球上。

第31章 月背到底是什么样子?

我们人类对月球的好奇由来已久。

古人的诗词里就经常提到月亮。从李白的“小时不识月，呼作白玉盘”，到苏轼的“明月几时有，把酒问青天”，月亮在人类的生活中占据着重要的位置。

虽然在地球上看月亮，月亮皎洁纯净，特别漂亮，但其实月球的表面坑坑洼洼，是个“麻子脸”。

几百年前，天文学家并不能十分清楚地观测月球，他们只能看到月球上有的地方明亮，有的地方晦暗，于是就把那些晦暗的地方叫作“月海”“月湖”“月湾”。后来我们才知道，那些阴暗的地区并不是海或湖，甚至连一滴水都没有，它们只是低洼的平原。

我们站在地球上，只能看到月球的一面。这一面其实是月球始终面向地球的一面，我们称之为月球正面。人类登月成功的地点，也是在月球正面。

这时，有同学就好奇了：我们平时能看到的月球正面，航天员已经登上去了，还留下了脚印。那月球的背面到底是什么样子呢？

事实上，这个疑问不只小朋友有，很多天文爱好者、科幻作家和科学家也有。人们对着天上的月亮不断思考着、猜测着，于是，各种各样奇怪的说法就冒了出来。

有人说，月球背面是外星人停放不明飞行物的“停车场”，所有来造访地球的外星人都要先在月球背面落脚；还有人说，月球背面是无尽的黑暗，那里埋藏着人类所有未解之谜的答案；甚至有人说，月球其实是外星人建造的一艘巨大的飞船，是专门用来观察地球的，月球的背面还有一座机械城市……

对于这些说法，以前我们一直都没办法确认，因为探测器如果绕到月球背面，它和地球之间的通信信号就会被月球本身挡住，这艘探测器就会和地球失联了，多危险啊！

不过，人类从未放弃通过各种方式对月球背面进行探索。

值得高兴的是，如今，人类已经实现了在月球背面的软着陆，而率先做到这一切的，正是我们中国的月球探测器——嫦娥四号。

难道嫦娥四号有穿透月球向地球发信号的特殊本领？

不是嫦娥四号有超能力，而是我们的航天科学家们敢想敢干。他们在嫦娥四号去月球背面之前，先发射了一颗中继卫星“鹊桥”到月球身后。

因为“鹊桥”距离月球很远，不会被月球挡住通信信号，

▲ “鹊桥”数据传输示意图

所以可以和地球保持联系。

当我们把嫦娥四号派去月球背面后，嫦娥四号就可以先把数据传给“鹊桥”，再由“鹊桥”转发给地球，这样，地球就能时刻跟月球背面的嫦娥四号保持联系了。有了这样巧妙的配合，嫦娥四号成为了首个在月球背面着陆的探测器。

怎么样？听我说完，你是不是更加佩服科学家的想象力和创造力了？

言归正传，现在我们终于可以看到月球背面和月球正面到底有什么不一样了。

简单地说，月球背面的凹凸不平比月球正面更严重，山峦起伏也更加明显。科学家分析，可能是亿万年来月球阻挡了不少飞向地球的流星，这才导致它的后背“很受伤”。

在观察月背这件事上，我们虽然取得了非常好的成绩，但其实人类对于月球的研究才刚刚起步。月球的更多秘密，还需要我们一步步地去探索。

第32章 月球车的任务是什么？

欢迎大家继续来参观月球车模型展示区。月球车，又叫作“巡视器”，它和着陆器共同组成月球探测器。

同学们一定知道，我国的第一辆月球车有个可爱的名字，叫作“玉兔号”。你知道这个名字是怎么来的吗？

2013年9月25日，为中国首辆月球车征名的活动启动了。

这个消息一发出，全国人民都激动了，纷纷报送上自己认为好听的名字。组织方一下子收到了19.31万个名称方案。面对这么多名字，评审委员会经过很多轮的投票和讨论，最终选出了10个名字，其中有“玉兔号”“钱学森号”“寻梦号”“追月号”

等。这些名字被放在网上，又进行了为期10天的网上投票。

相信你也一定猜到了，在征名和投票期间，“玉兔号”这一名字的热度最高。投票结束后，评审委员会进行了终审，进一步确定了3个入选方案，按程序报批后，才确定了最终的名称方案，正是最受大家欢迎的“玉兔号”。看到有那么多人为自己投票，“玉兔号”如果有感情的话，也一定会激动吧。

为什么大家都喜欢这个名字呢？原因很简单，“玉兔捣药”的传说很多人从小就听过，所以，一说到月亮，自然而然就想到了故事中可爱的玉兔。还有一个原因，就是我国探月工程的名字叫作“嫦娥工程”。嫦娥和玉兔，可是最好的搭档。

这位同学问：“‘玉兔号’是不是像可爱的小兔子一样，有两个长长的天线耳朵，走起路来一蹦一跳，爱吃萝卜和白菜呢？”

你的想象力可真好，但其实真正的“玉兔号”并不是这样的。

“玉兔号”是一辆有6个轮子的长方形小车，它的体重是140千克，载重能力20千克。它的动力来源是太阳能和锂离子电池组。

“玉兔号”也跑不快，它每小时最多能跑200米。要是让它和乌龟来场“月球龟兔赛跑”的话，谁赢谁输还真说不定。

你要是看到真正的“玉兔号”，没准儿会吓一跳，因为它周身金光闪闪，耀眼夺目，看上去威风极了。这身“黄金甲”可不光是为了好看，更重要的是为了反射月球白昼的强光，同时还要阻挡宇宙中的各种辐射，保护“玉兔号”肚子里的科学探测仪器。

▲ “玉兔号”模型

对了，我们的“玉兔号”月球车的肩膀上也有“翅膀”，即可以打开的太阳能帆板。“玉兔号”身上装有一个地月对话通信天线，头顶有导航相机和避障相机，还配备了负责钻孔、研磨和采样的机械臂，本领十分高强。

当然，随着我国探月工程的进一步发展，一定会有更多的“玉兔”排队登上月球，帮助我们揭开月球的神秘面纱。

对了，还要告诉你一个小秘密，“玉兔号”月球车在月球上有一个特别的习惯，那就是工作一阵，休眠一阵。

你可不要以为它很懒惰，它这样做完全是出于工作需要。

因为月球上的一个昼夜，约等于地球上的28天，所以在月球上工作的“玉兔号”会经历约14天的白天，再经历约14天的黑夜。

在黑夜到来时，月球表面温度会降低到零下180℃左右，“玉兔号”的太阳能帆板也无法发电。所以，它必须在黑夜中休眠，养精蓄锐。当长达14天的黑夜过去后，太阳光重新照射在“玉兔号”的身上，它就会被自动唤醒了。

看到这里，你不会再觉得月球车只是一个会在月球上跑来跑去的、可爱的“玩具车”了吧！没错，它可是聪明勇敢的探月勇士，是帮助人类探月的大功臣。

第33章 月壤和地球上的土壤有什么区别？

月壤，顾名思义，就是月球上的土壤。我国的月球探测器嫦娥五号就于2020年12月17日，从月球上顺利取回了1731克月壤。

▲ 嫦娥五号带回的月壤标本

你可能会问：“我们为什么不多拿点儿？”

其实，取回多少月壤不太重要，重要的是能研究出什么有用的东西。再说了，如果月壤装得太多，我们的探测器可能就带不回来了。

让我们来看看嫦娥五号是如何成功取得月壤并返回地球的。

嫦娥五号分为4个部分，分别是轨道器、返回器、着陆器和上升器，它们就像4个手拉手的小伙伴。到达月球轨道后，这4个小伙伴不是一起跳到月球上，而是着陆器和上升器落下，轨道器和返回器继续绕着月球飞行，等待其他小伙伴回来。

着陆器在月球表面挖好月壤之后，会作为上升器的发射台留在月球上。上升器则会带着月壤从月球表面起飞，找到一直在太空中等待着它的轨道器和返回器，把月壤交接给返回器。然后，轨道器和返回器会一起返回，而上升器呢，就落在月球上不回去了。

等到靠近地球之后，轨道器又会与返回器分离，它会去下一个执行任务的地点。最后，带着月壤回到地球的，就只有返回器了。

这个过程说起来复杂，实际上也真的很复杂。总之你记住，去的时候一共有4个小伙伴，回到地球的时候，就只剩1个小伙伴了。

那这跟“为什么不多拿点儿月壤”又有什么关系呢？关系大着呢！

第一，上升器的载重能力有限，如果拿太多月壤，它就飞不动了。

第二，着陆器取样是有时间限制的，因为轨道器和返回器就在月球轨道上绕圈飞行等待着月壤交接，所以它不能慢条斯理地工作，必须在规定时间内能拿多少就拿多少。

有了这两个条件的限制，我们要挖多少月壤，就要提前计算好。

嫦娥五号原计划的采样目标是最多2000克。最后我们实际带回了1731克月壤，完成了采样任务。

你知道吗？科学家们在研究了嫦娥五号取回的月壤后，对月球有了新的认识。

月壤和地球上的土壤有很大区别。月壤中不含有机养分，没有液态水，因此现阶段我们还不能在月球表面种植任何植物。

不过，我国的科研人员从嫦娥五号带回来的月壤里发现了氦-3，它是一种非常环保的能源，是月球气体型资源的典型代表。嫦娥五号采集到的月壤样本回到地球后，我国科学家第一次从月壤中获得了氦-3的含量及提取参数条件。

这些年来，我们探索月球的脚步在不断前进。继嫦娥五号在月球表面采集月壤成功后，嫦娥六号也向着月球出发了。

从发射升空到返回落地，嫦娥六号历时53天，于2024年6月25日顺利回家。它不仅平安归来，还从月背采集到了1935.3克月壤。

我们的探月工程正随着一次又一次登月的成功而不断发展、进步。相信嫦娥六号带回的月壤样本，可以让我们对月球有更多新的认识，能带给我们更多惊喜。

第 34 章 月球上的地下洞穴有什么秘密？

相信“广寒宫”这个名字大家都非常熟悉。在我国的神话故事中，广寒宫是嫦娥奔月之后居住的地方。那在现实中，月球上也有广寒宫吗？

听到这个问题，有些同学可能快要笑掉大牙了：我们学习了这么多航天知识，一定知道月球上既没有空气，也没有液态水，怎么可能会有广寒宫呢？那些都只在神话故事中存在而已嘛！

可是，我要告诉你，月球上还真有“广寒宫”。具体是怎么回事，请听我详细跟你解释。

刚才我们也提到过，我国的探月工程被称为“嫦娥工程”。相信嫦娥三号登月这件事，早已经家喻户晓了。

但你也许不知道，嫦娥三号选择的登月区域，是其他国家的探测器从来没有到达过的地方，这也标志着中国成为了世界上第三个有能力独立自主实现月球软着陆的国家。于是，国际天文学联合会宣布，嫦娥三号着陆器和“玉兔号”月球车勘探过的周边方圆77米的区域，被命名为“广寒宫”。

怎么样？我就说月球上有广寒宫吧！

这位同学说：“你说的这个广寒宫又不是真正的宫殿，只是一个区域的命名啊。”

但也许你不知道，月球上被命名为“广寒宫”的这个区域，还真有可能会拥有一个神秘的“地下宫殿”呢。

关于建造月球上“地下宫殿”的事，还要从很久以前说起……

早在2009年，日本的“月亮女神”月球探测器就向地球传回了在月球表面发现的凹陷洞穴的数据资料，也就是后来被确定为“熔岩管洞穴”的入口处。

这些年来，人类又陆续发现了多个这样的入口，并勘测出了其中一部分熔岩管洞穴的长度、宽度和深度。

那么这些熔岩管洞穴是怎么来的呢？根据科学家的研究和推测，几十亿年前，月球表面还有火山活动，滚烫的熔岩会不断流动。等熔岩冷却后，就形成了天然的、中空的管道，即熔岩管洞穴。

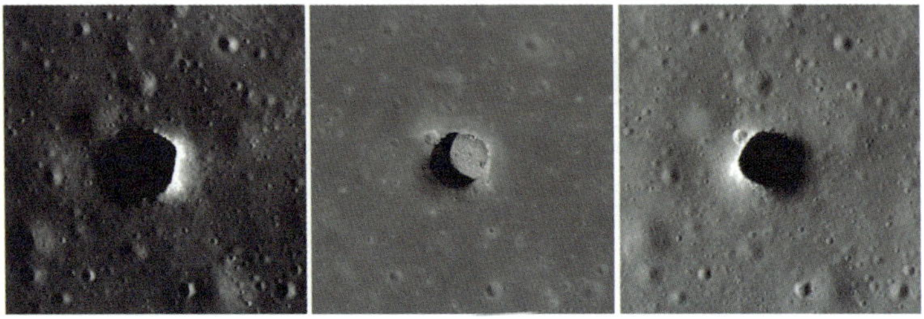

▲ 月球熔岩管洞穴入口

这些熔岩管洞穴的长度和宽度可能大大超出你的想象，它们中有的宽度达到了1000米，而长度有十几千米。说它是“地下宫殿”一点儿都不夸张。

要知道，月球表面的温差很大。部分地区白天温度高达127℃，而到了晚上，温度会降到零下180℃左右。这种温度变化会给人类未来建设月球基地带来不小的麻烦。同时，月球表面还要接受太阳风、微流星和宇宙射线的洗礼。

所以，熔岩管洞穴就成了一个天然庇护所，这里面既可以基本保持恒温，又可以抵御来自太空的种种危险。想想看，未来我们在这些熔岩管洞穴中建造月球基地，简直是再合适不过了。

要知道，我国计划在2030年前实现首次载人登月，未来还有可能逐步推进月球基地的建设工作，实现月球资源的有效开发和利用。

所以，也许在不久的将来，月球上“广寒宫”区域的熔岩管洞穴，就会成为月球基地的雏形呢！

第35章 人造卫星有什么用？

同学们，讲到这里，我们的“航天员体验营”就要接近尾声了。毕竟迄今为止，我们人类真正踏上的地外星球，只有月球。

但是你别忘了，在广袤的宇宙中，还有很多形形色色、神通广大的人造卫星，在为人类社会的进步和发展作着巨大的贡献。

1970年4月24日，中国成功发射了自己的第一颗人造卫星——东方红一号。也正是由于这个原因，每年的4月24日被定为“中国航天日”。

从那以后，中国的卫星事业蓬勃发展，许多卫星都陆续被成功送上太空。

人造卫星的优点在于能够在太空中获取各种有用的数据，并且能将数据传输到世界上的任何角落。可以说，我们今天的生活已经离不开人造卫星了。

有同学问：“人造卫星真的对我们的生活有帮助吗？为什么我没有感受到呢？”

别着急，举几个例子你就知道了。

第一个出场的是人造卫星中的“顺风耳”——卫星导航系统。

其中我们最熟悉的应该就是“北斗卫星导航系统”了，它是我国自主研制的全球卫星导航系统。有了它，爸爸汽车上的车载定位系统、妈妈手机上的地图导航APP，以及你电话手表上的定位功能才能正常使用。是不是用处很大？

第二个出场的是“千里眼”——气象卫星。

我国的气象卫星名叫“风云”，从1977年开始研制。截至2023年8月，我国已经发射了21颗气象卫星。它们可以观测云层变化、温度变化等。多亏了气象卫星，大家每天才能看到天气预报。有了它，明天是该穿单衣还是穿外套，出门是要拿雨伞还是抹防晒霜，哪天可以放风筝，哪天能够打雪仗，大家就能提前知道了。

第三个出场的是“宝物猎人”——资源卫星。

它能够摄取地表或地球更深层的图像，勘探地球资源。如果没有它，靠人工一点点勘探资源，效率会低很多呢。

另外还有“好奇宝宝”——科学卫星、帮助我们保家卫国的“哨兵”——军事卫星等。

总之，有了这些形形色色的、在太空中工作的人造卫星帮忙，我们的生活变得更方便，我们也能在宇宙中看到更多、听到更多、了解更多了。

第 36 章
未来，还有哪个星球适合人类居住？

不知不觉中，我们已经讲到了最后一章。让我们一起来看看离太阳第四近的行星——火星。

在我国古代，人们把火星称为“荧惑”。这是因为火星有时明亮，有时暗淡，有时在东，有时在西，

▲ 天问一号拍摄的火星照片
（来源：中国国家航天局）

位置不定，令人迷惑。

那为什么在太阳系的八大行星中，我们要用火星来为本书收尾呢？

因为人类一直想探索浩瀚的宇宙，去寻找其他的智慧生命，探索像地球一样适合人类居住的星球。而火星就是备选星球之一。

首先，我们要知道，火星是除金星外平均距离离地球最近的一颗行星，是一颗类似地球的星球。

在火星上也有四季的变化，每天也能看到一次日出和一次日落。最重要的是，火星也有大气层。可别小看大气层，它能够阻挡太阳风、微流星的袭击，是不折不扣的“星球防护服”。

其次，火星并不是一颗贫瘠的星球。假如我们移居到了一颗什么都没有的星球上，那人类也很难生存下去。而火星就不一样了，它拥有丰富的自然资源，包括水和矿物质。

人类已经在火星上勘探到了大量的水冰，这些水冰可以在采集后通过加热转化为液态水供人类使用。有了水，人们还可以在火星表面上种一些低等植物，使火星的大气环境慢慢改变，这样整个星球的温度就会逐渐升高，到时候火星的温度可能就跟地球差不多了。

火星上还有很多有价值的矿物质，如铁、镁、铝和硅等，这些矿物质被提炼后可以用来建造必要的设施，就不用千里迢迢地从地球往火星搬运了。

最后，还有一个基础条件，那就是火星上一天的时长为24小时37分22.7秒，和地球上的一天差不多。所以，如果人类未来移居去了火星，就不需要适应“火星时差”了。

虽然这一切还只停留在预测、推理和研究的阶段，但从各方面来看，火星都是人类进行星际移民的选择之一。

希望未来的某一天，有一批勇敢的航天员能率先登上火星，用3D打印技术建造房子，寻找更多水源，种植植物改变环境。等那里被建设得适合人类居住了，也许我们就会在火星上见面啦！

结束语

写到这里，我们的“航天员体验营”就暂时告一段落了。

亲爱的同学们，我还有太多关于太空的故事想要讲给你听。

你知道吗？目前全球最大的固体运载火箭是我国的“引力一号”。“引力一号”就像是航天世界里的超级英雄，有着许多令人惊叹的超能力……

你知道什么是黑洞吗？我国的“天关”卫星就像是一位勇敢的太空探险家，它肩负着重要的使命，去探索宇宙中像黑洞等天体中的那些神秘而又令人着迷的现象……

当然，小小的一本书，装不下大大的宇宙。但我希望，它帮你打开了一扇让你仰望星空的奇妙之窗。

相信在不远的未来，你将会和同样怀揣着太空梦的人一起，继续探索宇宙的奥秘，勇敢地向着未知的领域前进，去创造更多的奇迹！